U0175514

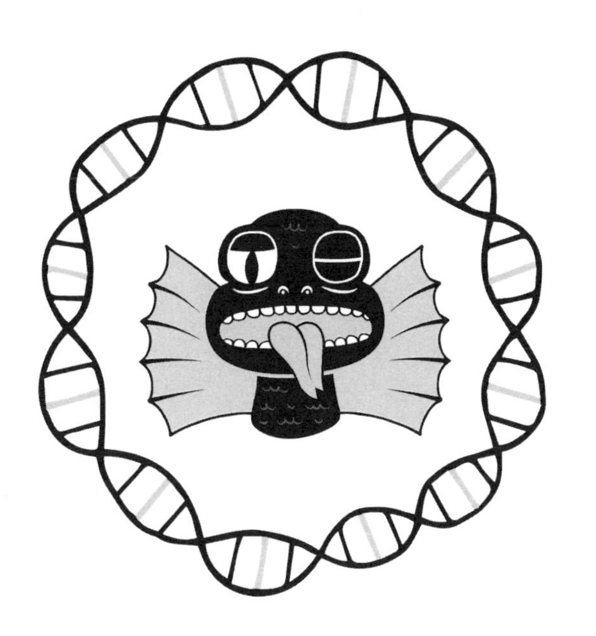

听变异龙讲

遗传学

[西班牙] 前沿科学小组 著

王 晴译

本书作者：

[西班牙] 埃莱娜 · 公萨雷斯 · 布隆

[西班牙] 哈维艾尔 · 桑塔奥拉亚 · 卡米诺

[西班牙] 奥利奥尔 · 马利蒙 · 卡里多

[西班牙] 巴布洛 · 巴伦切古伦 · 马来诺

[西班牙] 艾杜尔多 · 撒恩斯 · 德 · 卡贝颂 · 伊利卡莱伊

山东美术出版社

图书在版编目（CIP）数据

听变异龙讲遗传学 / 西班牙前沿科学小组著；王晴译. -- 济南：山东美术出版社，2020.6

ISBN 978-7-5330-7749-5

Ⅰ. ①听… Ⅱ. ①西… ②王… Ⅲ. ①遗传学－少儿读物 Ⅳ. ① Q3-49

中国版本图书馆 CIP 数据核字 (2019) 第 226644 号

责任编辑：张萌萌　　版权编辑：翟宁宁　　特约编辑：曲径遥

主管单位：山东出版传媒股份有限公司

出版发行：山东美术出版社

济南市历下区舜耕路 20 号佛山静院 C 座（邮编：250014）

http：//www.sdmspub.com

E-mail：sdmscbs@163.com

电话：（0531）82098268　　传真：（0531）82066185

山东美术出版社发行部

济南市历下区舜耕路 20 号佛山静院 C 座（邮编：250014）

电话：（0531）86193019　86193028

制版印刷：山东新华印务有限责任公司

开　　本：889mm × 1194mm　1/32　5 印张

字　　数：101 千

版　　次：2020 年 6 月第 1 版　2020 年 6 月第 1 次印刷

定　　价：42.00 元

目 录

引 言

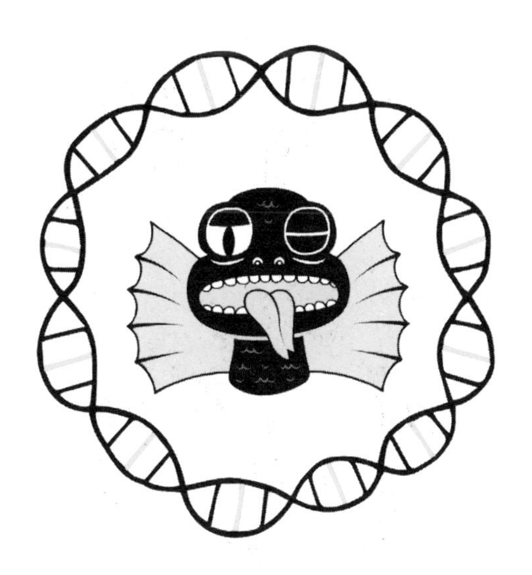

“**去菲律宾咯！去菲律宾咯！**太棒啦，我们终于可以去菲律宾旅游啦！”

真不容易啊！爸爸妈妈终于同意了！艾达和马克斯可以跟着萨图尼娜姑姑去菲律宾了——整整三个星期才说服他们啊！但是，要知道，这个世界上，就没有萨图妮娜姑姑办不成的事儿。她特别有耐心，口才又好，所以，她想让别人做什么，别人就会乖乖地做什么。很多人都因此崇拜她，一个个都变成她的忠实粉丝了。

这会儿，他们已经把行李收拾好了。菲律宾梦幻之旅就要开始啦！你们看，艾达，马克斯，还有堆得像小山一样高的行李！萨图妮娜姑姑开心得合不拢嘴，嘴角都咧到耳朵根上去啦。她全副武装，把职业导游的各种用具全披挂在身上啦。

“姑姑，**你不觉得你带的东西太多了吗？**让我们帮你拿点吧，来。”艾达一边努力追上萨图尼娜姑姑飞快的脚步，一边说道。

“东西多？说什么傻话呢！旅行中什么事都可能发生，咱们必须得考虑到所有的细节啊！别废话！快走！登机口马上就要关了！马克斯，别看旅行手册了，你会摔倒的，上了飞机你有的是时间看！我们要迟到了，迟到了，迟到了！”

可是马克斯呢，他沉醉在自己的世界里，无法自拔。“你们知道吗？菲律宾人说**菲律宾语**，那是一种从塔加拉语和西班牙语发展来的语言。所以，咱们用西班牙语说话，他们都能听得懂！”马克斯兴高采烈地叫着，一边走路，一边上蹿下跳。

他还从来没离开过西班牙呢，今天，终于可以出国了！而且还是坐飞机，飞去另外一个大陆！光是想想就让人热血沸腾。

飞往马尼拉的航班就要起飞了。他们三人一路小跑，累得上气不接下气。远远地看上去，他们三个就像长着三头六臂、浑身五颜六色的怪物，提着大大小小的行李箱，龙卷风一般地穿过机场，飞快地往登机口跑去。那样子真是滑稽极了！大家都止不住扭头看他们。

空姐站在登机口，用手捂着嘴一个劲儿地笑。看见他们跑过来了，她赶紧站好，清了清嗓子，温柔地对他们说：“别着急，别着急，**你们来得正是时候**，因为一位旅客的行李出了点问题，航班延误了。请进，请进，快上飞机吧。”

啊，是真的！登机口那儿一片混乱：一大群警察围着一个人；还有一群特警，穿着白色防护服，还带着防毒面罩，乍一看有点像遨游太空的宇航员，他们正围着一个行李箱。那个行李箱可真神奇，一个劲儿地往外冒彩虹色的烟！

“姑姑，马克斯，你们看那儿……”艾达的好奇心最强了，看到这样的事，根本挪不动脚步。但是萨图妮娜姑姑一心想着快点把他们拽上飞机，根本不给他们看热闹的时间。

他们终于登上了飞机。飞机上的其他座位都坐满了。

“到了，到了，我们到了。艾达，你的座位是靠窗户的那个。你可真幸运！”萨图妮娜姑姑说。

“嗯……那……要不……咱俩换换吧！我想坐在中间，这样我既可以和您说话，也可以和马克斯说话。”

“哈哈哈，其实她是害怕，姑姑，艾达害怕坐飞机。”艾达紧张地咬着嘴唇，可怜兮兮地看着马克斯。“没事的，艾达，我会保护……”

马克斯的话还没说完，他就被眼前的一幕惊呆了，两个眼睛瞪得像盘子一样大，嘴巴大张着，下巴都快掉到地上了。原来，两个穿着白色防护服、带着防毒面罩的警察正“押”着一个人，从飞机过道上走过来。他就是那个冒彩虹烟的箱子的主人。因为他的行李出了大问题，航班延误了很久，乘客们的心里充满了抱怨，现在看到他走过来，满眼都是怒火。但是，让马克斯吃惊的，既不是那些警察，也不是他们身上的防护服，而是被他们押着的那个人。

“你们看，那不是……”

“**西格玛博士！**”他们三个异口同声地喊道。看到博士，他们高兴坏了，发疯一样地叫着，挥舞着手臂向他打招呼。

这下，250个乘客一齐把冒着怒火的目光投向了他们三个。西格玛博士是一位英俊潇洒、和蔼可亲、权威可信，但是有点疯疯癫癫的科学家。他是萨图妮娜姑姑的邻居。这会儿，他正被两个警察推着，走过他们三个人的身边。看样子是那个冒彩虹烟的箱子爆炸了，博士的脸上、头发上和衣服上全是彩虹粉末。看到他们三个人，西格玛博士露出了灿烂的笑容，他昂起头，挺起胸，一边走，一边用手整了整他那又高又挺，像陡峭的小山一样的刘海儿。

“孩子们！萨图妮娜！**真巧，你们怎么也在这儿？**”警察可不允许西格玛博士停下脚步，一个劲儿地推着他往飞机最里面走。所有的乘客都看着他们，盼着飞机快点起飞呢。

“行了行了，伙计，快走吧！因为你，飞机已经延误很久了，快点走，到飞机最后面去，一秒钟也别再耽误了！”

“亲爱的，咱们一会儿再聊。”西格玛博士说着，冲他们挤了一下眼睛，他的脸上依旧带着灿烂的微笑。博士一边往他的座位走，一边不住地回头看他们，脚下不免磕磕绊绊。靠近飞机过道的乘客们可烦透了，一个个两眼冒着怒火，抱怨他走路不长眼睛。

飞机一路飞得很平稳。但是，起飞的时候，艾达很害怕，她紧紧地抓着马克斯的胳膊，都快把他的肉扯下来了。马克斯没喊一声疼，他一会儿给艾达讲笑话，一会儿又给她讲菲律宾的地理环境、

历史故事、风俗习惯，一会儿又讲他们要去参观的各个景点等等，总之就是用尽一切办法帮她放松下来。一开始，艾达什么也听不进去，可是慢慢地，她平静下来了，不再害怕了。为了感谢马克斯，艾达在他的脸上狠狠地亲了一口："么——"哈哈，还带响声呢。这下可好了，马克斯的脸一下子就红了起来，直到他们下飞机的时候，还像个熟透的苹果似的呢。

你们再看看萨图妮娜姑姑！飞机还没起飞的时候，她就做好准备，进入“飞行模式”了：她戴着眼罩，塞着耳塞，脖子上挂着充气U型枕。她的头向后仰着，嘴巴大张，呼呼地睡得可香了。她打呼噜可真响啊，恐怕一群河马加在一起，才能勉强和她比一比。就这样好几个小时过去了。他们飞跃了地中海，进入了亚洲大陆。

萨图妮娜姑姑一路都在睡觉，她那响亮的呼噜声，好像是在“演奏”莫扎特的第33号C大调奏鸣曲长号乐章。艾达和马克斯两个人绕开她，轻手轻脚地走到飞机的最后面，去找西格玛博士了。他们两个看见，西格玛博士正和一个亚洲女孩聊得热火朝天呢。那女孩一看就很聪明，她的头发又黑又直，眼睛好像会说话，鼻子小小的，还长着一脸可爱的小雀斑。

“孩子们，快来，快来！我正和何塞丽塔聊起你们两个呢！快过来坐！快过来坐！何塞丽塔，你看，这两个就是艾达和马克斯。他们是我的邻居萨图妮娜的侄子和侄女。他们两个的小脑袋瓜儿聪明极了，哈哈，是两个小机灵鬼儿，也是小淘气包！当然了，他们的姑姑萨图妮娜也很棒，又聪明又漂亮。孩子们，我给你们介绍一下，这位是我的新朋友，何塞丽塔。”

“你们好！”何塞丽塔微笑着跟他们打了个招呼。啊！这微笑真迷人啊！马克斯都看呆啦！艾达看到马克斯表哥的表情，忍不住哈哈大笑起来。

“嗯……那个……玛咖当嘎比（菲律宾语，意为‘晚安’）！”马克斯鼓足勇气说了一句。

“哇，你会说菲律宾语！”西格玛博士拍手称赞道。艾达也渐渐止住了笑声。

“我只会说这一句，但是我想学菲律宾语。”马克斯回答的时候故意用胳膊肘碰了碰艾达，暗示她，轮到她说话了。“西格玛博士，刚刚在机场出了什么事？还有，您去菲律宾干吗？”

“别急别急，孩子们，这事啊，说来话长。用量子物理学的话来说就是——所有的事情都是有关联的。”说着，博士转过脸去，看着何塞丽塔，对她说：“我真想给你讲讲我们去年的冒险经历，这两个小鬼头和我，我们的故事可精彩了！”

“孩子们，告诉你们吧，我这次去菲律宾，是要去著名的迪里曼大学，去给那里的博士生们上几节课。呵呵，其实是为了展示一下，我在新材料物理学研究方面取得的最新成果。这次是马克·芬奇教授邀请我去的。本来我在那个漂亮的行李箱里给他带了一份特别棒的礼物，那是一种用来做石墨实验的材料——他对石墨特别感兴趣。当然了，那是无毒无害的材料，一点危险也没有，就是最简单的碳原子。我本来打算给芬奇教授一个大大的惊喜——在那个箱子里放了一个我自己发明的装置，让那个箱子一打开就会冒出**彩虹烟雾**。你们知道的，我最喜欢制造惊喜了！但是，不知道哪里出了问题，发生了一点儿小意外——在机场的时候，那个装置突然提前启动了，彩虹烟雾全跑出来了。其实也没什么要紧的，但是机场的警察们都以为出了大事，一下子都拥了过来。唉，多有意思的事啊！”西格玛博士笑着说。一听到“有意思”这几个字，坐在前面的先生一下子转过头来，两眼冒着怒火，狠狠地瞪着他们，鼻子里还呼呼地冒着烟，看那样子真是气得不轻。

“博士，您疯了吧！谁会在登机的行李箱里放一个冒烟的装置啊！他们不会让您上飞机的！”艾达像个小大人似的，教训博士说。

“哈哈，被你说中了，我的小宝贝。警察确实不让我上飞机来着。但是，我一遍一遍地告诉他们，我要去迪里曼大学讲的课特别重要，而且我箱子里的东西没有任何危险，最终，还是说服了他们，让我上了飞机。我的社交天赋可是谁都比不了的啊！”西格玛博士说着，用手扬了扬他那朝天的刘海儿，“但是，这都不算什么！你们知道吗？为了充分利用这次去菲律宾的机会，我还要去迪里曼大学的生物系做一些实验。哎呀，太巧了！”正说着话，西格玛博士一兴奋，一下子从座位上跳了起来，结果，他的刘海儿碰掉了飞机上的氧气面罩。空姐急急忙忙地跑过来，好声好气地安抚他，并且希望他不要再乱动了。飞机上250名乘客又气得两眼冒火花了！

“嘘，小声点儿，博士！您刚才的话是什么意思？什么事太巧了？”艾达压低声音问道。

西格玛博士继续说道：“哦，是这样，我的新朋友何塞丽塔，因为学习成绩优异，**获得了菲律宾政府提供的奖学金**，而且是生物学奖学金。生物学奖学金啊！现在她也正要飞去菲律宾。结束了上半学期在咱们西班牙的学习，下半学期她就要去迪里曼大学学习了。你们看，我们要去同一所大学啊！说不定，我们还会在马克·芬奇博士的实验室里一起做实验呢！你们说，巧不巧？！”

“天啊，真巧！真是棒极了！”艾达高兴地说。艾达很喜欢这位新朋友，她把去年和博士一起经历的冒险都讲给何塞丽塔听，两个人聊得可开心了。马克斯和西格玛博士也没闲着，他们一起研究菲律宾旅行手册，制定旅行计划，还学了几句塔加拉语。

随后的飞行旅程中，西格玛博士没再有什么奇怪的举动。飞机降落的时候，一个空姐送了很多巧克力棒给艾达、马克斯和何塞丽塔，谢谢他们让那个奇奇怪怪、疯疯癫癫的博士一路安安静静的，没再做出什么疯狂的事情来。一下飞机，西格玛博士就被警察带走了，他还得去趟警察局，重新解释一下他的行李箱里到底装的是什么。跟萨图妮娜姑姑、何塞丽塔、艾达和马克斯告别的时候，西格玛博士大声喊道："明天，明天咱们在芬奇教授的实验室见！他可是个出了名的怪人，不轻易见人的。我和何塞丽塔都是受邀前来。就让何塞丽塔给你们带路吧！"

"一个出了名的怪人……"马克斯重复道，"能让西格玛博士说他怪，他一定是一个非常非常厉害的人物！哈！我现在就想见见他。"

第二天，他们五个人在**芬奇博士的实验室**碰面了。他们眼巴巴地盼望着见到芬奇博士，结果却大失所望。芬奇博士没在实验室里——他出差了，三个星期以后才能回来。他留下一封信说，西格玛博士和何塞丽塔可以随意使用他的实验室，想怎么用就怎么用。但是，他唯一的要求是，**他们必须负责照看好孵化器里的五个蛋**。芬奇博士说，这几个蛋很可能这几天就要破壳了。在信的末尾，芬奇博士还神秘兮兮地说："我可把这些蛋交给你们照顾了，不管孵出来的是什么东西，你们都必须小心翼翼地照看。"

所以，看完信，他们做的第一件事，就是去孵化器那儿看看那些蛋。他们小心翼翼地把蛋取出来，放进一个开口的大箱子里，然后把箱子放在实验室的桌子上。就这样，五个人站在箱子前面，一动不动地盯着那几个蛋。可是，不论再怎么看，他们都觉得，这就是几个再普通不过的鸡蛋。

“西，西格玛博士，这些蛋……这些蛋会……会孵出什么啊？”马克斯有点害怕，他的声音都发抖了。

“别害怕，马克斯，**这些蛋看上去就是普通的鸡蛋**，我想，最可能的情况就是，我们马上要迎接五只普通的毛茸茸的小鸡。虽然蛋是芬奇博士留下的，可是……咳，鬼才知道会孵出些什么呢！”

第一章
遗　传

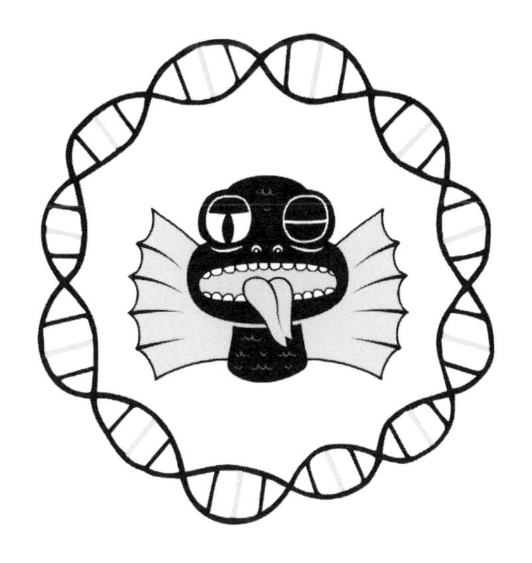

谁也没有眨眼睛，大家都聚精会神地盯着那些蛋。马克斯、何塞丽塔、西格玛博士还有萨图妮娜姑姑，他们正迫不及待地等着小鸡破壳而出呢！每个人的心情都很激动。但是，最激动的，还是我们活泼可爱的艾达：

“这些蛋什么时候才能破裂啊？”

“应该说‘破壳’，傻瓜。”马克斯一边目不转睛地盯着那些蛋，一边小声地纠正艾达。

萨图妮娜姑姑轻轻地摸了摸艾达的头，安抚她说：

“别着急，小宝贝，就快了。我想不会是所有的小鸡一起破壳而出。但是，应该就快出来了。你看，你看，第一只蛋出现裂纹了，小鸡就要出来啦！”

“哇，太可爱啦！”艾达和马克斯异口同声地说。

“你们快看！它可真勇敢啊！它一定是家里的大哥。哎呀呀，它让我想起了索林，就是霍比特人里最勇猛的那一个。”艾达兴奋地说。

西格玛博士也激动起来：

“对啊，我们可以用‘霍比特人’的名字来给这些鸡起名字啊！”

“对啊，对啊！这些小鸡肯定从爸爸妈妈那儿遗传不一样的特征，我们可以给他们起不一样的名字。”何赛丽塔兴高采烈地表示赞成。

“就像我们两个一样，马克斯，虽然我们是表兄妹，可是我遗传了马希尔爷爷漂亮的大眼睛，而你呢，却遗传了他的往外翻的小脚趾。”

“唉！快别提了，我每次买鞋都是个大问题！”

“啊！你们说的，就是孟德尔遗传定律啊！”西格玛博士激情四射地大喊道。连索林都欢快地摇了摇胖乎乎的屁股，好像在

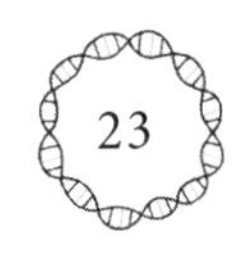

说，对啊！对啊！

“什么遗传什么律？”

“是孟德尔遗传定律！我亲爱的马克斯。之所以叫这个名字，是为了纪念伟大的孟德尔先生，他可是现代遗传学之父啊！”

科学家简介
格雷戈尔·孟德尔

格雷戈尔·孟德尔，是19世纪奥地利帝国阿古斯丁修道院的一名修道士，就是他发现了基因的遗传规律。也就是说，他一直在研究，**我们是如何从我们的直系前辈那里继承了他们的某些特点的**。没错！直系前辈指的就是我们的爸爸妈妈、爷爷奶奶、外公外婆等等。孟德尔先生的大部分实验和研究都是用**豌豆**做的。哈哈，可不是煮熟的豌豆哦，而是他自己在园子里种的豌豆植株。你们看，小小的豌豆，可对科学的进步做出了巨大的贡献呢！后来，科学家们延续了孟德尔先生的研究，并且逐步完善了他的实验，直到今天，我们对“**遗传特征是如何传递给后代的**”这个问题，已经有了非常深入的认识和了解。人类对遗传学最早的认识，都是源于这位修道士，哈哈，当然，还有他非同一般的种植豌豆的能力。谢谢您！伟大的格雷戈尔·孟德尔先生！

“还是让我来给你们解释一下，那到底是怎么回事儿吧。咱们先暂时把这些小懒蛋儿丢在一边，让它们慢慢决定谁先出来吧。”西格玛博士一边说着，一边费力地把他的食指从索林嘴里拔出来——这只可怜的小家伙儿可饿坏了。

“太好了！太好了！西格玛博士万岁！”艾达和马克斯兴奋地一边叫一边跳。

“孟德尔注意到豌豆的某些特征，或者说性状，会由母株（豌豆爸爸和豌豆妈妈）传递给子株（豌豆宝宝）。比如，豌豆粒是黄色的还是绿色的，豌豆表面是光滑的还是皱缩的。”

西格玛博士继续说道：“因为，如果一种特征，从上一代传递到了下一代，那就意味着，这种特征是可以遗传的，所以，孟德尔先生首次提出，把这种可以遗传的特征叫作**‘遗传性状’**。”

“伟大的孟德尔发现，**这些遗传性状是由两个‘等位基因’控制的。这两个‘等位基因’，一个来自父亲，一个来自母亲。**也就是说，生物的所有表现出来的特征，比如说，豌豆的豆粒是黄色的还是绿色的，人的头发是黄色的还是黑色的，都是由两个‘等位基因’一起来控制的，其中一个等位基因是我们的妈妈给我们的，另外一个等位基因是我们的爸爸给我们的。”

“哈哈，马克斯将来会提供一个‘男’等位基因。”艾达捂着肚子哈哈大笑，腰都快直不起来了。

“哼，你会提供一个‘女’等位基因。”马克斯气呼呼地反驳道。然后，他悄悄地看了一眼何塞丽塔，希望何塞丽塔不像艾达一样嘲笑他。结果他发现，何塞丽塔也在捂着嘴笑呢。

何塞丽塔小课堂：孟德尔提出的“分离定律”

孟德尔在他提出的“分离定律”中，描述了遗传性状是如何通过等位基因来传递的。“**分离定律**”说，在生殖的过程中，首先，父亲的两个等位基因会彼此分开，母亲的两个等位基因也会彼此分开，分开以后，父母才能分别把自己的遗传信息传递给后代。也就是说，爸爸妈妈都只能把一个等位基因传递给孩子。

豌豆植株妈妈
遗传性状1
豌豆粒的颜色

等位基因1　等位基因 2

豌豆植株爸爸
遗传性状1
豌豆粒的颜色

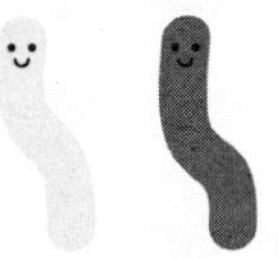

等位基因1　等位基因 2

豌豆植株宝宝
遗传性状1
豌豆粒的颜色

等位基因 2
来自妈妈

等位基因1
来自爸爸

因为在这条定律中，最重要的意思就是分离，所以，孟德尔才把这条定律叫作“分离定律”。**只有父母双方分别提供一个等位基因，这两个等位基因结合，才能在下一代的个体中，形成一对新的等位基因。**

艾达：“这个我听明白了。但是，如果豌豆植株妈妈的两个等位基因都是‘黄色粒’，豌豆植株爸爸的两个等位基因都是‘绿色粒’，那么它们的植株宝宝呢？它们的豆粒会是什么颜色的呢？”

朋友们注意了！等位基因分为两种——一些等位基因是**显性**的，还有一些等位基因是**隐性**的。隐性等位基因比显性等位基因要“羞涩”得多，所以，如果一对等位基因是由一个显性基因和一个隐性基因组成的，那么，只有显性基因控制的性状会表现出来。

咱们再回去看一看上一页的那幅图吧！我们会看出，决定“黄色粒”的等位基因是显性基因，决定“绿色粒”的等位基因是隐性基因。所以，朋友们，你们发现了没有？孟德尔先生的这个实验有一个很大的好处——那就是，当他在豌豆园里散步的时候，就能看到下面这个现象：

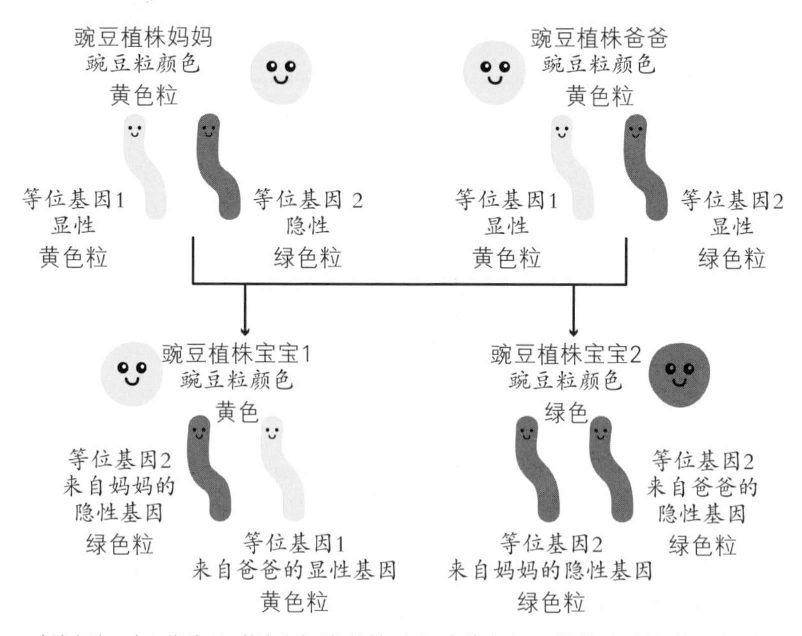

（编者注：中子代豌豆可能有4种重组的基因型，在此省略双显性黄豌豆等另外两种。）

马克斯："这样的现象只发生在豌豆身上吗？"

艾达："博士，我可不太喜欢豌豆。您能不能再给我们举一个其他的例子？"

西格玛博士："当然可以了。哎呀，我的两个小宝贝儿，你们怎么这么可爱呢！我真是爱死你们了！那么，接下来，你们可要发挥一下想象力了！咱们假设有一对等位基因，它们决定我们长雀斑或者不长雀斑。在这对等位基因中，'长雀斑'是显性基因，'不长雀斑'是隐性基因。咱们来想象一下，有一位英俊帅气、长着雀斑的男士，和一位美丽动人、不长雀斑的女士。这位男士的身体里，决定是否长雀斑的两个基因（也就是他的两个等位基因）都是显性基因。而这位女士身体里，决定是否长雀斑的两个基因呢，都是隐性基因。他们两个，生了一个聪明又幽默的女儿，对对对，就像我们美丽的何塞丽塔一样。因为爸爸妈妈分别把他们的一个等位基因给了孩子，所以这个女孩从爸爸那里获得了一个'长雀斑'的基因，从妈妈那里获得了一个'不长雀斑'的基因。也就是说，何塞丽塔体内既有'长雀斑'的基因，也有'不长雀斑'的基因。但是，因为'长雀斑'的基因是显性基因，它控制了表现性状，所以，何塞丽塔那瘦瘦的小脸儿上就长出了美丽的小雀斑啦。"

“那如果何塞丽塔有了自己的孩子呢？他们也会长雀斑吗？以后世世代代的孩子们都会长雀斑吗？”马克斯小声问道。哈哈，他在何塞丽塔面前总是容易害羞，你们看，这会儿，他的脸红得像熟透的番茄一样。

“问得好！问得好！接下来，有意思的事情来了！”西格玛博士笑着说，“我们假设，有一天，何塞丽塔和一位帅气又开朗的男人结婚了，他们生了很多孩子。这个男人也长着雀斑，他的两个等位基因和何塞丽塔的一样，也是一个‘长雀斑’的显性基因和一个‘不长雀斑’的隐性基因。朋友们，别忘了，当他们有孩子的时候，这个孩子会从爸爸妈妈身上分别得到一个等位基因，对吗？我们举个例子，巧了，他从爸爸妈妈那儿获得的，都是隐性基因——‘不长雀斑’。这样的话，虽然爸爸妈妈都长雀斑，但是这个小宝宝是不会长雀斑的。‘长雀斑’这个性状就这样‘跳过’了一代人。你们听明白了吗？”

“哦——，听明白了，听明白了！”艾达和马克斯异口同声地说。**就在这个时候，两只小鸡同时破壳而出了。**

“哎呀呀，这两只小鸡真是太可爱啦！”艾达用甜美的嗓音温柔地说，哈哈哈，这时候要是旁边有个糖尿病人的话，恐怕要晕倒了！“这两只就叫菲利和吉利吧，我真是爱死它们两个啦！”

菲利：它具有天生的自然防御能力——没错，没错，就是免疫系统！她的免疫系统可以抵御一切！什么寄生虫啊，细菌啊，病毒啊，真菌啊，都不能侵入她的体内。她壮得就像头牛！

吉利：它的嘴生来就比其他小鸡的更长，更硬一些。他最喜欢翻土和翻肥料堆，在里面找东西吃。哎呀呀，真是恶心死了！

场面一下子失控了。索林一个劲儿地往箱子外面跳，它对外面的世界充满了好奇，虽然萨图妮娜姑姑一直盯着它，可还是有好几次差点就让它跑出来，独自去冒险了。菲利和吉利的行动总是不一致，尤其是它们学走路的时候，总是一个往东，一个往西。有意思极了！现在，**还有两个蛋没有破壳呢**。所以大家只好一会儿看看那些已经出世的鸡宝宝，一会儿又看看还没破壳的蛋宝宝。哎呀呀，真是有多少眼睛都不够用啊！

“这样看来，要是我们知道了爸爸妈妈或者爷爷奶奶的一些特征，就能推测出他们的后代可能有什么样的特征了，是吗？”艾达好奇地问道。

“千真万确！**我的小生物学家！**”西格玛博士回答道，“甚至说，如果我们知道了后代的一些特征，也可以尝试去推测他们的长辈长什么样子。这样的研究可有意思了！”

突然，大家都不说话了。原来，又有一个蛋要破壳了。蛋壳上一点点地出现了裂纹，它开始轻轻地左摇右晃，好像是故意地在挑逗它旁边的兄弟，可是旁边的那个蛋根本不理它，还是一点动静都没有，一动不动地待在那里。

“伙伴儿们，咱们来猜猜这只小鸡长什么样子吧？！”何塞丽塔小声地建议道。

“好啊！好啊！据我观察，这附近的公鸡都长着很大的鸡冠子，所以，这些小鸡的爸爸一定也是这样的。我猜这只小鸡也会有一个大大的鸡冠子。”艾达第一个说道。

“我猜，它会是一个勇敢的小胖子，会像吉利一样，羽毛黑黑的。因为这里的母鸡大多长得又胖又黑。”

蛋壳终于破了。快看，从里面孵出来的小鸡瘦瘦的，天生带有贵族气质，鸡冠子很小很小，羽毛也不多，而且比它的哥哥姐姐们都要白，腿也要比它们的长、比它们的粗壮。它高傲地看了大家一眼，然后一下没站稳，一个屁股蹲儿坐了下去，惹得萨图妮娜姑姑哈哈哈地大笑起来。

“哎呀呀，多高傲的一只小鸡啊！它好像生来就是个首长。”

“咱们就叫它巴林吧。我好喜欢它啊！你们看，它长得多有意思啊！虽然刚出生，但是它看上去就像一个小老头。还挺帅的！哈哈哈。”

西格玛博士：“艾达，你怎么了？我可是很了解你的。就连你的基因我也能看透！你心里有疑问，对吗？和孟德尔遗传定律有关，对吗？来吧，小宝贝儿，说出来吧！你的问题是什么？”

艾达：是的，博士，我有件事情不太明白。我想问，要是有多种遗传性状会发生什么呢？您之前讲了雀斑的例子，那么，再举一个例子吧，比如“一个人长黑头发或者长黄头发”这个性状。这个性状会和长雀斑的性状混在一起吗？这两种性状的遗传是相对独立的，还是会相互影响？所有黄头发的人都会长雀斑吗？黄头发的人会比黑头发的人更容易长雀斑吗？

西格玛博士小课堂：“分离定律”是相对独立的

孟德尔和你有过同样的疑问，我的小宝贝儿，你简直就是“十万个为什么”呀！**孟德尔反复进行了很多次试验，然后对试验结果进行观察，试图研究清楚两种不同的性状是如何遗传的。结果发现，两对不同性状的遗传是相对独立的，也就是说，控制不同性状的两对等位基因之间，是不会相互影响的。**孟德尔先生的数学也学得特别好，所以，他成功地计算出了不同的性状遗传给后代的概率。啊！这是多么伟大的成就啊，我亲爱的孩子们！哎哟哟——等一下，等一下，我马上就给你们解释清楚。但是现在，哎哟哎哟——谁来帮帮我，把巴林从我的刘海上抓下来。哎呀哎呀——我都不知道它是怎么跑到这么高的地方去的。

遗传学小提示

除了豆粒是绿色的或者黄色的以外，豌豆还可以有表面皱缩的或者光滑的区别。孟德尔先生非常喜欢抚摸豌豆粒，哈哈，每个人都有自己的特殊爱好，我们能说什么呢。他发现，遗传性状“表面光滑”是显性基因，而遗传性状“表面皱缩”是隐性基因。

孟德尔又开始观察豌豆了！他假设，所有的等位基因，遗传给后代的概率是一样的。注意咯，孩子们，我们现在要开动一下脑筋了！接下来的东西，可有点复杂。我们现在假设，有两棵母本植株（植株爸爸和植株妈妈），它们都是杂种，也就是说，它们控制两种不同性状的两对等位基因，都是由一个显性基因和一个隐性基因组成的：

控制颜色的等位基因：一个显性基因（黄色粒）和一个隐性基因（绿色粒）。

控制形状的等位基因：一个显性基因（表面光滑）和一个隐性基因（表面皱缩）。

那么，为了在后代中出现所有可能的基因组合形式，这对父母至少得有2×2×2×2＝16个孩子。

哎呀呀，我看你们一脸的困惑，快看看下面这幅图吧：

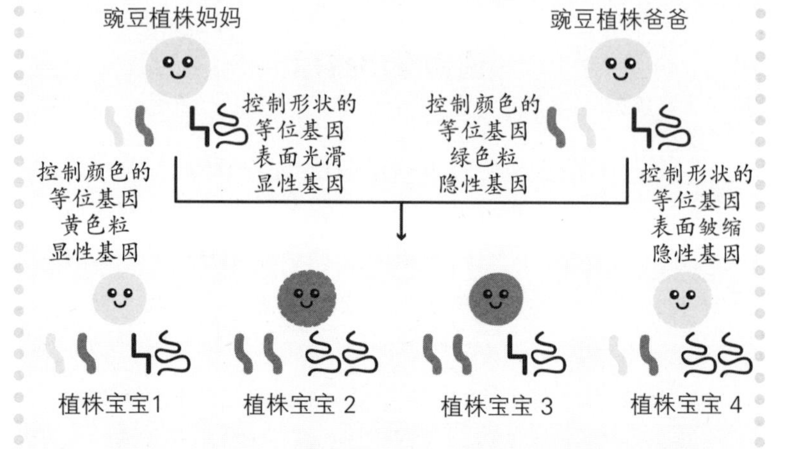

我们在讨论通过**基因**遗传的性状的时候，往往会使用两个重要的概念：基因型和表现型。这两个概念虽然都带一个“型”字，但是，它们两个之间的区别可大了。

基因型，是一个人的基因类型，有的基因可以表达出来，而有的基因不能表达出来。或者说，就是这个人的一对等位基因的组成形式。

表现型，是一个人实实在在表现出来的、用肉眼可以直接看到的性状。表现出来的性状可能是显性基因控制的性状（这时，他的两个等位基因中，至少有一个是显性基因），也可能是隐性基因控制的现状（这时，他的两个等位基因都是隐性基因）。

比如说，一个人的基因型是一个“长雀斑”基因和一个“不长雀斑”基因，那么，他的表现型一定是“长雀斑”。因为，“长雀斑”是显性基因。

我们还是拿人类的特征来举例子吧。除了研究“长雀斑”或者“不长雀斑”这个性状之外，**我们再加上“黄头发”或者“黑头发”这个性状**。在这个例子中，我们假设“黑头发”是显性基因，“黄头发”是隐性基因。现在，我们有一对夫妻：男的黑头发、长雀斑，他的决定这两个性状的所有基因都是显性基因；女的黄头发、没有雀斑，她的决定这两个性状的所有基因都是隐性基因。那么，我亲爱的孩子们，他们的孩子会是什么样子呢？他们会长雀斑吗？他们会是黑头发呢还是黄头发呢？

马克斯：“他们的孩子全部会是黑头发的，而且全都长雀斑。因为他们会从爸爸身上得到每个性状的一个显性基因，从妈妈身上得到每个性状的一个隐性基因，所以，他们只会表现出显性基因控制的现状。”

西格玛博士：“完全正确！马克斯，你真是越来越聪明了！我真为你感到骄傲，我的宝贝儿！”

那么，**再下一代会出现什么样的状况呢？**假设我们有足够多的样本个体。也就是说，这个黑头发长雀斑的男人和那个黄头发、没有雀斑的女人有特别特别多的孙子孙女。这样的话，我们就可以得到所有可能的基因型组合了，不是吗？

接下来，数学问题来了。假设每个等位基因从父母那里遗传给下一代的概率是一样的，而且这种遗传是独立的。数学中的概率知识告诉我们，我们将会看到，第二代的每十六个孩子中会有一个黄头发、没有雀斑的；三个黄头发、长雀斑的；三个黑头发、不长雀斑的；最后，还有九个黑头发、长雀斑的。要是这两种性状的遗传不是相互独立的，而是相互影响的，那么后代按照各种表现型来分，可就不是刚才的比例了。

这就是我们今天所说的遗传学机制，但是孟德尔先生那个时候，还不知道什么是遗传学呢。因为是他开辟了遗传学！正是因为他不断地探索遗传规律（就是上面我们所说的那些规律），才为现代**遗传学**奠定了基础啊！

何塞丽塔："噢，我知道了，基因就是DNA上一个一个的片段，遗传性状就是通过基因来传递的。"

马克斯："而且，控制一种性状的基因，可以有多种等位基因。"

艾达："哦，现在我明白了。控制'豌豆粒颜色'的基因可以有'黄色粒'这个显性基因，也可以有'绿色粒'这个隐性基因。"

西格玛博士："你们简直就像山里的小猴子一样聪明，一下子就全明白啦！既然你们现在明白了什么是遗传学、什么是基因，那么就应该也能明

白‘基因型’和‘表现型’了。对吧！”

“随着遗传学的发展和进步，人们发现，遗传性状的表达其实是非常复杂的，不是单凭一个基因就能决定的。啊，遗传学，一个多么广泛而深刻的研究领域啊！它色彩缤纷、神秘莫测，总能令人心醉神迷，心向往之！你们看，它正张开双臂，呼唤着我们前去探索呢！”

说这最后几句话的时候，西格玛博士特别激动，他两臂张开，高举过头，双膝跪地，双眼紧闭，两股热泪从他的眼角喷涌而出。哎哟哟，可把孩子们和小鸡都吓坏了。一时间，所有人都呆住了，不知道该说什么，也不敢动。

只剩下一个蛋还没有破壳了，这个蛋比其他几个蛋要小一些。大家一动不动地盯着它，紧张地屏住了呼吸。而接下来发生的事情，吓得他们好长时间都说不出话来，好像在那几秒钟的时间里，连空气都凝住了——这个蛋里孵出来的“小鸡”是他们这辈子见过的最特别、最奇怪的小鸡。就像他们之前猜想的那样，“小鸡”长得瘦瘦的，但是很高。**它没有羽毛，而是长着鳞片**。它也长着一对翅膀，可是，这翅膀……和哥哥姐姐们的不一样。嘴……它的嘴也不是凸出来的，而是从脸上凹进去的，看上去就像一个小小的黑洞，谁也不会相信那是小鸡的嘴。

它的眼睛又大又圆，眼神既沉稳又带着几分警觉，对谁都一副不屑一顾的样子，好像在说，它就是这个世界的霸主，谁也别想挑战它！它的脸又大又圆，看上去就像个装面的大口袋。大家看着这个奇怪的小东西，都吓傻了。突然，这个刚出生的小怪物张开了嘴，“呱——”地叫了一声，那声音真是震耳欲聋啊！更糟糕的是，那声音比乌鸦叫还要难听一百倍。它的嘴一会张开，一会又闭上；一会张开，一会又闭上。突然，它从嘴里吐出了一条又细又长的舌头！而且是，一条分叉的舌头！

大家都惊呆了，谁也说不出话来。第一个恢复正常状态的是萨图妮娜姑姑，她说道：

“哎呀！这个小东西……确实有点丑，但是也挺招人喜欢的！我多想一辈子都抱着它，宠爱它啊！”

“它，它的舌头是分头的！”马克斯吃惊地结巴了起来，他的眼睛也瞪得像盘子一样大。

“是分叉！分叉的！马克斯！”艾达纠正马克斯说。她的眼睛也被这个小怪物拽得死死的，根本无法从它身上挪开。

“**你们确定它是只小鸡吗？**”西格玛博士问道。他用右手搓了搓左耳朵，接着说：“我真不敢相信。尤其是，你们看，它身后好像还长着尾巴呢！”

“别说了，博士，它会听到你说的话的！你别当着它的面这样说，它会觉得难为情的。它当然是小鸡了！你们没看到它和哥哥姐姐们一样，是从蛋壳里孵出来的吗？”

何塞丽塔从看到这只小怪物起就一直没说话。

现在，她终于开口说：“唉，真遗憾！孟德尔先生不在这儿，要是他在的话，一定可以给我们解释清楚，这到底是怎么回事。咳，管他呢！不论它是不是一只小鸡，它都是个与众不同的小不点，咱们得给它起个特别的名字。就叫他雷纳尔多吧。”

第二章
什么是DNA？

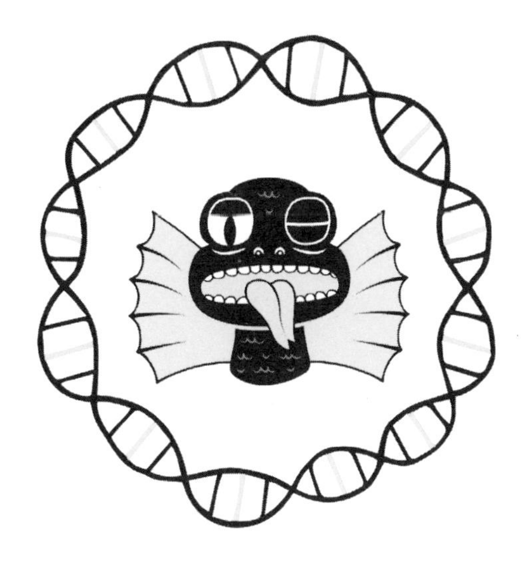

“**醒醒，马克斯，醒醒！**”艾达一边说，一边拼命晃着还在床上呼呼大睡的马克斯，“咱们得去看看小鸡们怎么样了！”

不等马克斯坐起来，艾达就穿着她的恐龙睡衣，一溜烟儿跑到小鸡们的房间去了。小鸡们一看到艾达，就叽叽叽地叫着跑过来，跟她要东西吃。雷纳尔多伸长脖子，看看艾达，又看看哥哥姐姐们，然后又看看艾达，开始学着哥哥姐姐们那样叫起来：

“叽——呱——叽——呱——呱——”

艾达抓了一把玉米，放在鸡窝前面，让小鸡们吃。雷纳尔多第一个跑了过来，它刚把一粒玉米吃进嘴里，还没嚼，就突然脸色发紫，嘴歪眼斜，一副中毒的样子！它赶紧用两只爪子卡住自己的脖子，把玉米粒吐了出来！然后伸着它那长长的分叉的舌头，喘了半天的粗气。

“你不喜欢吃玉米吗？”艾达心疼地问道。

雷纳尔多可怜兮兮地看了看艾达，然后又开始学小鸡叫：

“噗——嘚——哒——呱——”

“叽叽，雷纳尔多，这样叫，叽叽。”艾达说着，又把一粒玉米送到雷纳尔多的嘴边，可是它连看都不看，更别说吃了。

“唉，真是只奇怪的小鸡。”艾达感叹道。

其他的小鸡都在抢玉米吃，这时候，马克斯进来了：

“小鸡们怎么样了？”

“除了雷纳尔多，其他的小鸡都挺好的，你看，它们正在抢玉米吃呢！多可爱啊！”

“艾达，**你不觉得雷纳尔多很奇怪吗？**它长得一点也不像小鸡！它也许是另外一种动物，比如说，小蜥蜴。蜥蜴才不吃玉米呢。”

“你胡说！它明明就是一只小鸡！只不过，它的表现型和其他小鸡不一样。有的小鸡羽毛是黄色的，有的小鸡嘴比较长，还有的小鸡……”“可是，小鸡会长鳞片吗？”

遗传学小提示

朋友们，你们还记得什么是“表现型”吗？没错，你说得对，就是你在镜子里看到的自己。**“表现型”**是基因型的外在表达。也就是说，你的样子，就是你的**基因类型**的外在表现。你的身高长相，你吃饭的样子、跑步的样子、睡觉的样子，等等这些都是“表现型”。

马克斯还是不能相信雷纳尔多是小鸡。艾达一时说不出话来，她停顿了一下，想了想，说：

“小鸡不能长鳞片吗？好吧，其实我也不清楚。雷纳尔多长得是有点奇怪，但是……重点是，它也有翅膀啊！所有的鸡可都是长翅膀的！”说着，艾达用手指了指雷纳尔多胳膊下面的两片薄膜。“再说了，它也会叽叽叫，这就够了。你听，来，雷纳尔多，叫一个，叽叽，叽叽，叽叽，叽叽。叫一个。”

雷纳尔多认真地盯着艾达，开始学着叫：

“哔——呱——嘎——”

马克斯呆呆地看着雷纳尔多，满肚子都是疑问。

“算了，咱们还是快点去和姑姑吃早饭吧。要是咱们去晚了，待会儿就不能去海边了。”

“但是，马克斯，咱们不能把雷纳尔多和其他的小鸡单独留在家里！”

“没事儿，艾达，咱们就去玩一上午。萨图妮娜姑姑出去遛弯儿之前，我们可以把小鸡交给她来照顾。再说了，咱们都和西格玛博士约好了。他可以给我们解释更多关于雷纳尔多的事情。”

艾达和马克斯吃完早饭，到了海边。他们大老远就看见了西格玛博士巨大的遮阳伞，就一口气跑了过来。西格玛博士正悠闲地坐在伞下写东西呢，何塞丽塔一个人去海里游泳了。

“嗨，孩子们，你们好啊。今天可真够热的！”西格玛一看到他们两个，就招呼他们赶紧过来。

“是啊，简直热死人了！”艾达大声抱怨着天气，然后好奇地问：“西格玛博士，你在写什么呢？”

西格玛博士没有马上回答，这时，何塞丽塔看见了她的两个好朋友，就赶紧从海里上来，跟他们打招呼。哇！她的脖子上带着一条贝壳项链，五颜六色的，漂亮极了！

何塞丽塔："嗨，伙伴们！咱们一块儿去海里玩吧！今天的浪特别好，我还带了冲浪板呢！"说着，她指了指遮阳伞旁边那个又大又酷的冲浪板。

哇！艾达一看见那么酷的冲浪板，兴奋到了极点，眼睛都快从眼眶里跳出来了！

"艾达，你没事儿吧？！"马克斯问道。他说话的时候，还特意收了收自己的肚子——哈哈，在何塞丽塔面前，他总是有点不好意思。

"哇，去冲浪！快走！马克斯！咱们去冲浪！冲啊，冲啊，冲啊！"艾达说着，拉起马克斯的胳膊就往海里跑。

"等等，你们两个，站住！"西格玛博士赶紧叫住他们，问道："你们涂防晒霜了吗？"

艾达和马克斯都摇了摇头。

"好吧，孩子们，你们可能还不知道！长时间暴露在太阳下，你们的DNA会受损的！**DNA啊，孩子们，那可是我们身体里最重要的分子，掌控着我们的生命啊！**"

西格玛博士小课堂：什么是DNA？

“**DNA，也叫脱氧核糖核酸，它就像一本万能的说明书——我们身体里的每一个细胞应该做什么，不应该做什么，上面都‘写’得清清楚楚。**所以，一定要格外注意保护！但是，有些事情，比如长时间在太阳下暴晒，会对我们的DNA造成损伤。DNA一旦受损，我们的细胞就会生病。所以，你们两个，赶紧回来！涂上防晒霜！”说着，西格玛博士递给他们一支超级无敌抗紫外线防晒霜。

朋友们，你们基因已经知道了，DNA可能会发生一些变化。那么，它们会如何变化，这些变化又会带来什么样的后果呢？如果你们想了解这方面的知识，就去看看这本书的第三章《变异》吧。

基因册跳转
P.67

“西格玛博士，如果像你所说，那DNA一定是一本超级超级大的说明书。可是，DNA也像普通的书一样，是用纸写成的吗？”马克斯一边问，一边帮艾达往后背上涂防晒霜。

“当然不是啦！马克斯，**DNA可比写在纸上的书高级得多！DNA是由两条螺旋形的长链组成的。而这两条螺旋长链，又**

是由核苷酸构成的。”

艾达和马克斯你看看我，我看看你，根本没听懂。于是，何塞丽塔摘下了脖子上的彩色贝壳项链，开始给他们解释：

“构成DNA的长链就像我手里的这个贝壳项链，每一个贝壳代表着一个核苷酸。”何塞丽塔继续解释说，“如果我们现在有两条贝壳链，然后把一条链上的贝壳和另一条链上的贝壳粘在一起，就变成DNA的样子啦！”

核苷酸和DNA的组成成分：

朋友们，请注意，**DNA上的核苷酸并不都是一样的。构成DNA的核苷酸有四种**。我们想象一下，何塞丽塔把她项链上的贝壳涂成了四种不同的颜色。这四种不同的颜色所代表的物质，分别叫作**腺嘌呤（Adenine），胸腺嘧啶（Thymine），鸟嘌呤（Guanine）和胞嘧啶（Cytosine）**。如果知道了这四种颜色的排列顺序，我们就能知道DNA中核苷酸的排列方式了。

你们一定在某部电影或者某本书里看到过，科学家们写DNA的时候，写的都是AATGCAATACTG这样的东西。哈哈，他们可不是在写什么外星语言。而是因为，写全Adenine-Adenine-Thymine-Guanine-Citosine-Adenine这些单词太长了，所以科学家们就用这些单词的首字母，来写DNA中核苷酸的排列顺序。

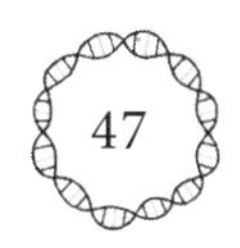

“当我们把DNA的两条链粘合在一起的时候，它们就不再是两条单独的直链了，而是会形成一种双螺旋结构，就像咱们在科幻电影中经常看到的那样。”何塞丽塔一边说，一边把她手里的贝壳项链拧在了一起。

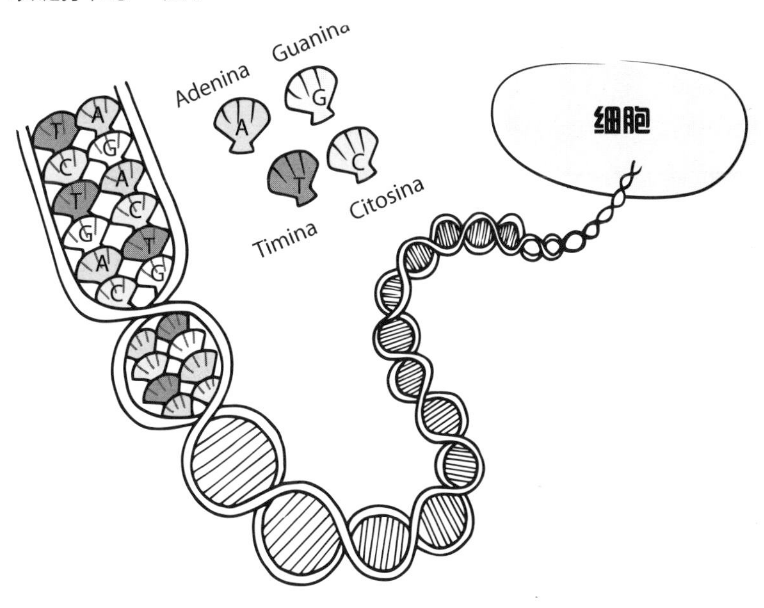

科学家简介
罗莎琳德·富兰克林

20世纪，人类取得的最伟大的成就之一，就是在1953年弄清了**DNA的结构**。在关于DNA结构的研究中，贡献非常大的，不，应该说是——贡献最大的人，就是女科学家罗莎琳德·富兰克林。

20世纪50年代初期，罗莎琳德在伦敦的一个实验室工作。当时，和她一起在那里工作的，还有著名科学家莫里斯·威尔金斯。罗莎琳德一直致力于研究DNA的结构，但是，因为DNA分子实在是太小了，就算在显微镜下，也根本看不到，所以，很难弄清楚它到底长什么样子。为了弄清楚DNA的结构，他们绞尽了脑汁……终于有一天，罗莎琳德想出了一个好办法——用投影的方法，把DNA的影子拉长、放大，然后给DNA的影子拍照片。哎呀，我们的这位女科学家真是太聪明了！

就在罗莎琳德在伦敦进行研究的同时，在离伦敦不远的剑桥大学，还有另外一些科学家，也在研究DNA的结构。他们就是詹姆斯·沃森和弗朗西斯·克里克。

沃森和克里克研究DNA结构已经很久了，但是一直没有取得什么进展。有一天，沃森和克里克去拜访他们的同事罗莎琳德和威尔金斯，威尔金斯就把罗莎琳德拍摄的DNA影子的照片拿给他们两个看。看到这些难得的、珍贵的照片，沃森和克里克一下子受到了启发，他们终于想象到了DNA有可能是什么样子！

1953年4月25日，沃森和克里克在《科学》杂志上发表了一篇关于DNA双螺旋模型的论文——《脱氧核糖核酸的结构》。在文章中，他们阐明了DNA其实是一种双螺旋结构。这是多么伟大的成就啊！所以，1962年，沃森、克里克和威尔金斯一起被授予了诺贝尔生理学或医学奖。很遗憾，罗莎琳德没有获奖，那是因为她早在1958年就去世了。诺贝尔奖只能授予在世的人。

一涂好防晒霜，艾达和马克斯就立即向大海奔去。

“哦吼！！！”艾达一边叫着一边踩着冲浪板，在上下起伏的波浪里尽情玩耍。咦，等等，马克斯呢？原来，他被海藻缠住了脚，这会儿正在拼命地解救自己呢。

看着眼前碧绿的海水，迷人的景色和欢乐的人群，马克斯却一脸茫然——他好奇的小脑袋瓜儿里还在想着关于DNA的问题呢！

DNA在哪儿呢？

既然我们都有DNA，那么DNA到底在哪儿呢？海藻也有DNA吗？小狗也有DNA吗？章鱼呢，天竺葵呢，酵母呢，它们都有DNA吗？

朋友，你觉得呢？

A. 不。我家阳台上的牵牛花不可能有DNA。做面包的酵母就更不可能有DNA了！

B. 是的。凡是有生命的物种，都有DNA，至少，它们会有类似DNA的物质。

正确答案是……B！这个世界上的所有生物：小燕子、鳄鱼、鲸鱼，你们家五楼上的邻居，在学校里看门的老爷爷，阳台上的天竺葵，夏天嗡嗡乱飞的苍蝇……还有酵母，所有的生物都有DNA。生物学就是这么神奇！

低成本小实验！在家里提取香蕉的DNA

实验中需要的材料有：

一根香蕉，水，盐，一根试管，纯酒精（在家里处理伤口用的，浓度为96%的酒精就可以），冰块，棉花，一个漏斗，还有液体洗涤剂（家里刷盘子用的洗洁精就可以）。

步骤：

1.剥去香蕉皮，然后在一个容器（比如，你喝水的杯子）中把果肉捣烂，然后加入大概一指深的水。你不用把整个香蕉都捣烂，用一小块儿就够了——大概三分之一个香蕉就足够了，剩下的三分之二你可以吃掉。香蕉是多么好吃的水果啊！

2.香蕉捣烂以后，往里加一勺盐，然后充分搅拌、混合均匀。

3.另外找一个容器，倒入大概两指深的水，然后往里挤一些洗洁精，轻轻地搅拌均匀，不要让洗洁精沉在容器底部。

4.把加了盐的香蕉泥加入到带洗洁精的水中，然后搅拌二至三分钟，让它们充分混合。

5.在一个杯子里放上冰块，然后把试管插进冰块里，让试管变凉。往试管里加入酒精，加到大约一半的位置就可以了。

6.现在拿起漏斗，在漏斗里放一点棉花，用来进行过滤。接下来，把漏斗插在试管上部，然后把融合了香蕉、盐、水和洗洁精的液体全部倒进漏斗里。

7.混合液体会慢慢地流到试管底部，仔细观察过滤出来的液体，你会看到：液体中出现了一个白色的圆环 。哈哈，有点像鼻涕：那就是香蕉的DNA!

马克斯和艾达，还有何塞丽塔一起游了一会儿泳，觉得有点累了，马克斯决定去遮阳伞下看会儿书。因为他们给小鸡起了霍比特人的名字，所以，马克斯很想读一读这部作品。这不，他把书都带到海边来了。

“西格玛博士，我有一个疑问：既然DNA就像我们身体里的一本超级大书，那它一定是存放在我们身体里的图书馆里，是吗？”

西格玛博士正拿着一根长木棍在沙滩上写大字呢，他听见“DNA”这几个字，一下子兴奋起来。

西格玛博士说：“马克斯，你知道吗？我们的身体是由很多不同的器官组成的，比如心脏、肝脏、眼睛；而且，每个器官都是由‘细胞’构成的。只不过，组成不同器官的细胞是不一样的。

比如，构成脂肪组织的细胞（你肚子上的‘游泳圈’就是脂肪组织）就长得圆滚滚的，而且含有非常多的脂肪；而一个神经细胞（也叫神经元）就基本不含脂肪，但是神经细胞有一条叫作‘轴突’的‘线’，通过这条‘线’和其他的神经细胞联系、交流。

因为所有的细胞都要听从DNA的指示，所以，每个细胞都把DNA存放在自己的图书馆里，这个图书馆就是细胞核。因为DNA链非常非常长，而我们的细胞核又非常非常小，所以，DNA为了能待在细胞核里面，必须把自己缠绕起来才行。”

朋友们，细胞是如何在那么小的空间里储存那么大量的DNA的呢？如果你想知道答案，就去看看这本书的第七章《表观遗传学》。

基因册跳转
P.147

“除了在细胞核内缠绕这个特点以外，我还要告诉你们，DNA是由一种更小的结构组成的。这些更小的结构就叫作**染色体**。

你们好好回忆一下《霍比特人》还有《指环王》三部曲：要是我们把这几本书都摆在一起，那得有1500多页！如果把这1500多页的内容都印在同一本书中，那这本书得有多厚、多重！根本没人能拿在手里翻看。而且，如果我们想在书中找到某个故事细节，肯定也很难找到。

正是考虑到这些问题，我们才把这个长长的故事印成了好几本书。**DNA也是这样，我们人类的DNA是由23对染色体组成的。**

因为遗传信息太重要了，所以，每条染色体都有一个复本，也就是说，我们的每对染色体都是由一个原本和它的一个复本组成的。所以，正常情况下，我们人类，总共有**46条染色体**。”

弗里奇新奇资料大放送

如果我们取出一个人体细胞，把里面的DNA链展开、拉直，这条链的长度可以达到接近2米。

一个成年人的身体里，大概有100万亿个细胞，那么，如果我们把一个人身体里的所有细胞的DNA连起来的话，可以达到1000亿千米。要知道，地球和太阳之间的距离是1.5亿千米。也就是说，我们可以拉着我们的DNA，在地球和太阳之间来来回回666次！！

在沙滩上画了几条染色体之后，西格玛博士又开始继续写字了。马克斯一边看着博士写，一边念道：“**AGUGAACGU UGUAUUGAAAAUACUAUUUUUAUUUUGUo AUGoCUUGCU AU-GuUGUCAUo。**”

“西格玛博士，你这是写的什么啊？”马克斯抓抓脑袋，好奇地问道。

“我写的是‘当科学家真有意思’（西班牙语原文ser científico mola mucho），因为当科学家确实很有意思，你不觉得吗？”

“可是，我看到的就只是AGUGAACGU这些字母啊！”西格玛博士一边点头，一边把字母又检查了一遍，然后回答说：

“没错！因为我的信息是用‘遗传密码’写成的！所以，只有科学家才能看懂我到底写了什么。你现在看不懂没关系，来，我慢慢解释给你听！”

西格玛博士：“你看，马克斯，遗传学的知识可以用来写秘密信息。

你还记得科学家们怎么写DNA的组成的吗？

如果DNA中带有一个腺嘌呤（Adenine）就写一个大写字母A，带有一个鸟嘌呤（Guanine）就写一个大写字母G，带有一个胞嘧啶（Cytosine）就写一个大写字母C，带有一个胸腺嘧啶（Thymine）就写一个大写字母T。这样，我们就可以用DNA的组成成分来写信息了！但问题来了，我们只有4个字母，可以写的东西太少了。依我

看，只用这4个字母，我们可以写出的最好笑的话就是‘拉屎’（西班牙语CACA）。

但是，朋友们，不要感到失望，只要借用一点点科学的力量，一切问题都是可以解决的！”

RNA（核糖核酸）

DNA上携带着基因，这些基因负责告诉我们的细胞，它们应该做什么。基因从细胞核发出指令，指令要想传达到细胞的各个部分，必须得借助一些分子的帮助，这些分子就叫作RNA，也叫“**核糖核酸**”。

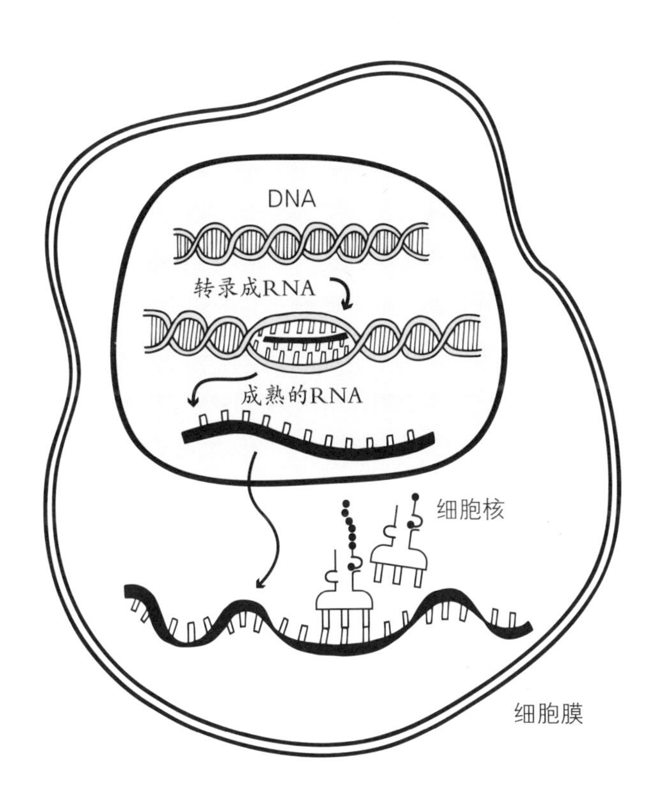

遗传学小提示

基因是DNA上一个一个的片段，它可以转录成RNA（朋友们，请注意，并不是所有的**DNA**都能转录成RNA）。每种生物都有非常非常多的基因。比如，我们人类大概有20500个基因。

RNA是非常重要的。因为DNA不能把基因切割成段，也不能把基因运到细胞核外，发号施令。你想象一下，要是一个基因被切下来，然后丢了，会发生多么可怕的事！所以，一定得好好保管我们的DNA。

那么，**遗传信息到底是如何传递的呢？**DNA把指令复制到RNA分子上（RNA可比DNA小得多），然后由RNA分子带出细胞核。

RNA就是专门用来传递这些简短但是却非常重要的信息的。它就像用隐形墨水写成的信，或者像一双神秘的鞋，鞋底有一条隐藏的缝，里面藏着绝密信息。这样来传递机密是不是棒极了！

RNA和DNA一样，也是由核酸组成的，这些核酸可以携带腺嘌呤（A），鸟嘌呤（G），胞嘧啶（C）或者尿嘧啶（U）。

马克斯："可是，西格玛博士，如你所说，RNA只用腺嘌呤，鸟嘌呤，胞嘧啶和尿嘧啶（A，G，C，U）来书写，咱们还是只用了4个字母呀！咱们西班牙语的字母表里可是有27个字母啊！那么多的单词，只用4个字母来拼写，根本不够啊！”

西格玛博士：“别担心，马克斯。细胞生物学可以帮助我们解决这个问题：这些RNA传递的信息中，有一些是用来指导氨基酸链的合成的。你一定会问，氨基酸链是什么呢？氨基酸链就是**蛋白质**！蛋白质的合成非常重要。因为细胞内的一切工作都是由蛋白质来完成的。蛋白质就是细胞的机器。这就好像你在一本非常厚的百科全书（也就是我们的DNA）中找到了几张非常棒的制作机器人的说明书。因为这本百科全书太厚重了，根本搬不动，所以，你只需要把你需要的那几页抄下来就行了（抄下来的就是RNA），然后，你拿着抄下来的内容去工作间，在那制造你的机器人（蛋白质）就行了。”

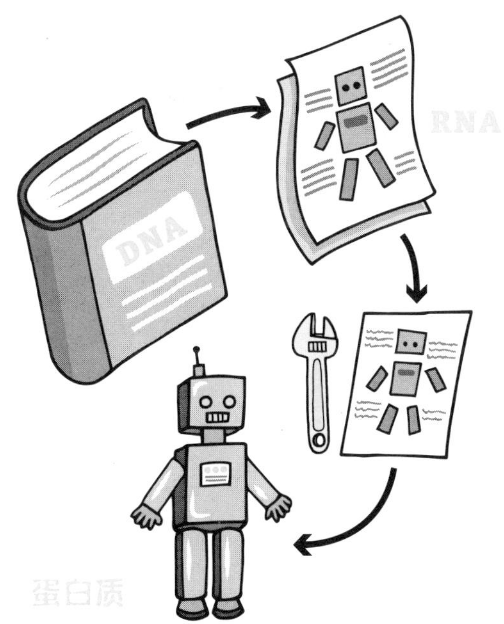

在遗传学中，以RNA为模板，合成蛋白质的过程，叫作做遗传信息的“翻译”。在这个过程中，细胞是通过读取RNA上的遗传密码来合成**蛋白质**的。

RNA上的遗传密码需要三个字母三个字母地读。举个例子吧，如果RNA的组成是:

“UUUGGUGCU”。

就应该这样读:

“UUU GGU GCU”。

每三个相邻的字母构成一个“密码子”，一般来说，每个“密码子”对应着一种**氨基酸**。比如，密码子UUU对应着苯丙氨酸（F），GGU对应着甘氨酸（G），GCU对应着丙氨酸（A）。

下面给出的是一张密码子表，利用这张表，你就可以写秘密信息啦！

丙氨酸A-Ala: GCU，GCC，GCA，GCG

半胱氨酸C-Cys: UGU，UGC

天冬氨酸D-Asp: GAU，GAC

谷氨酸E-Glu: GAA，GAG

苯丙氨酸F-Phe: UUU，UUC

甘氨酸G-Gly: GGU，GGC，GGA，GGG

组氨酸H-His: CAU，CAC

异亮氨酸I-Ile: AUU，AUC，AUA

赖氨酸K-Lys: AAA，AAG

亮氨酸L-Leu:UUA，UUG，CUU，CUC，CUA，CUG

甲硫氨酸M-Met: AUG*（起始密码）

天冬酰胺N-Asn: AAU，AAC

脯氨酸P-Pro: CCU，CCC，CCA，CCG

谷氨酰胺Q-Gln: CAA，CAG

精氨酸R-Arg: CGU，CGC，CGA，CGG，AGA，AGG

丝氨酸S-Ser: UCU，UCC，UCA，UCG，AGU，AGC

苏氨酸T-Thr: ACU，ACC，ACA，ACG

缬氨酸V-Val: GUU，GUC，GUA，GUG

色氨酸W-Trp: UGG

酪氨酸Y-Tyr: UAU，UAC

结束蛋白质合成的终止密码: UAA，UAG，UGA

用书写蛋白质的方法来写秘密信息的好处就在于：蛋白质可以由20种不同的氨基酸合成，科学家们把这20种不同的氨基酸分别用20个不同的字母来表示。比如，G代表甘氨酸，A代表丙氨酸，T代表苏氨酸。

所以，为了写出秘密信息，我们首先要做的就是用书写氨基酸的方式把信息表达出来，然后再转换成RNA的形式。

低成本小实验！如何用遗传密码书写秘密信息

第一步：写出蛋白质的组成，也就是你想传达的秘密信息。

首先你得写出一条秘密信息。我刚刚写的是“ser científico mola mucho（当科学家真有意思）”，但是现在，我要慢慢地、重新写一次，好让你们看个明白。

首先，我们要做的就是转换字母。看看下面我写的句子吧。如果句子中的字母对应一种氨基酸，就把这个字母写成大写字母，如果没有对应的氨基酸，就写成小写字母。所以，我的句子变成了这样：

“SER CIENTÍFICo MoLA MuCHo”。

因为我们的字母有27个，而氨基酸却只有20种，也就是说，字母的数量比氨基酸的数量大，所以，有一些字母没有对应的氨基酸。没关系，就让这些字母保持小写的形式就行了。你可以看着第56页上的遗传密码表来改写你的句子。

第二步：把你的蛋白质转换成RNA。

现在我们要把“翻译”过程倒过来，把蛋白质转换成RNA:

在我写的句子中，第一个字母是S。S代表丝氨酸。如果我们看看遗传密码表，就会发现，丝氨酸对应的RNA上的密码子有两个——AGU或者AGC。我们可以从这两个密码子里任意挑选一个。在表格中我们还发现，有一些密码子不对应任何氨基酸！别担心！这些密码子还有其他的用途。

但是，对于要做“基因间谍”的我们来说，这些密码子对写秘密信息没什么用处。所以，我们暂时不用它们就好了。

“那么，这个句子应该写成……”马克斯拿过西格玛博士手里的长木棍，开始写道 AGU GAA CGU（ser）

UGU AUU GAA AAU ACU AUU UUU AUU UGU o（científico）

AUG o CUU GCU（mola）AUG u UGU CAU o（mucho）

“把这些连起来，就是……”

AGUGAACGU

UGUAUUGAAAAUACUAUUUUUAUUUGUo

AUGoCUUGCU AUGuUGUCAUo

“我写出来了！博士！我现在会写秘密信息啦！用我的细胞制造蛋白质的方法来写秘密信息！哇哦！太棒了！”

这时，艾达和何塞丽塔正好从海里冲浪回来。马克斯一边朝她们挥舞着手里的木棍，一边兴奋地喊道：

“艾达，何塞丽塔。你们快来看，西格玛博士刚刚教会了我什么！”

“哇，这太酷了，马克斯！现在我们可以自由通信了，不用害怕别人窃取我们的信息了！”马克斯给艾达解释了遗传密码之后，艾达兴奋地说道，“这些遗传密码我明白了，但是，基因，我好像还不太懂。人和人之间，长得不一样，这是由**基因**决定的。那小动物们呢？它们彼此之间长得也不相同，这也是因为它们的基因不一样吗？比如说，有些小鸡有‘长羽毛’的基因，而有些小鸡有‘长鳞片’的基因，是吗？”

这会儿，西格玛博士正聚精会神地在沙滩上用遗传密码写一个长长的句子呢。

“嗯，你们看，呀呀，不对不对……应该是哪个字母来着？艾达，属于同一物种的所有动物都有相同的基因，只是……嗯，不对不对，不是W，应该是U。不对不对，也不是U，应该是……”看到西格玛博士心不在焉的样子，何塞丽塔只好接着给艾达解释。

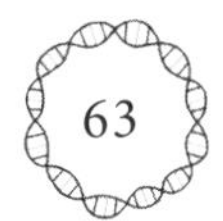

何塞丽塔小课堂

属于同一物种的所有个体都有相同的基因。比如说，所有的鸡都属于野生原鸡这个物种。所以，所有的鸡，**它们的基因都是相同的**。只不过，这些相同的基因之间，多多少少会有一些差异。举个例子吧：鸡都有羽毛，但是，它们的羽毛可能长得不一样——有的鸡羽毛多，有的鸡羽毛少，还有的鸡长着灰色羽毛，带着黑色和黄色的花纹。同样是羽毛，但是，这些羽毛又不一样。基因也是这样：所有的鸡都有相同的基因，但是，可能是**同一基因的不同版本**。有的鸡的基因是“多羽毛”，有的是“少羽毛”，有的是“灰羽毛”，有的是“黄羽毛”。就是因为同一种基因有不同的变体，所以，不管是同一品种的鸡和鸡之间，还是不同品种的鸡和鸡之间，都有多种多样的区别。

“那么，属于不同物种的动物长得不一样，又是为什么呢？”马克斯问道。

“每个物种的动物都有一些独特的基因，这些独特的基因就会让这个物种的动物和其他物种的动物长得不一样。比如，犀牛的某些基因会让它的鼻子上长角，而且，只有犀牛才有这些基因。所以我们在鲨鱼的体内是找不到‘鼻子上长角’这个基因的。”

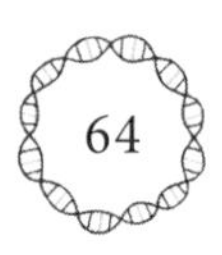

朋友，既然我们人类都有相同的基因，那为什么人和人长得不一样呢？如果你想知道答案，就去看看这本书的第七章《表观遗传学》吧。

“那怎么才能进一步了解基因呢？基因是可以读取的吗？”艾达问道。

“当然可以啦！基因是可以检测出来的。科学家们把‘读取某种生物的基因’这件事叫作**‘基因检测’**。我们经常在实验室里检测基因组。我和西格玛博士就是做……”

“等等，等等！你说你会检测基因？”艾达问道。何塞丽塔点了点头。“那如果我们找来几只小动物，你就能告诉我们它们是不是属于同一个物种了，是吗？”

“当然可以了。但是我们得在实验室里进行检测。”

“太好了！那咱们快去实验室吧！不对不对，咱们得先回家带上那些小鸡和……”话还没说完，艾达的肚子突然咕咕地叫了起来，“嘿嘿，还得去吃饭，咱们先去吃饭吧！快走，马克斯！咱们就要知道雷纳尔多到底是什么动物了！咱们可以检测一下它的基因！何塞丽塔，你和我们一起回家吃饭吗？萨图妮娜姑姑做了非常好吃的炸团子！”

“是炸丸子，那叫炸丸子，艾达！”马克斯一边把毛巾装进包里，一边纠正艾达说。

“萨图妮娜说要做‘炸团子’吗？”西格玛博士一边走向孩子们，一边开玩笑似的问道，“太好了！咱们快走吧！一直在讲遗传学，我早就饿了！”

西格玛博士收起了遮阳伞，何塞丽塔也拿起了她的冲浪板，四个人一起开开心心地回家吃饭了。

第三章
变　异

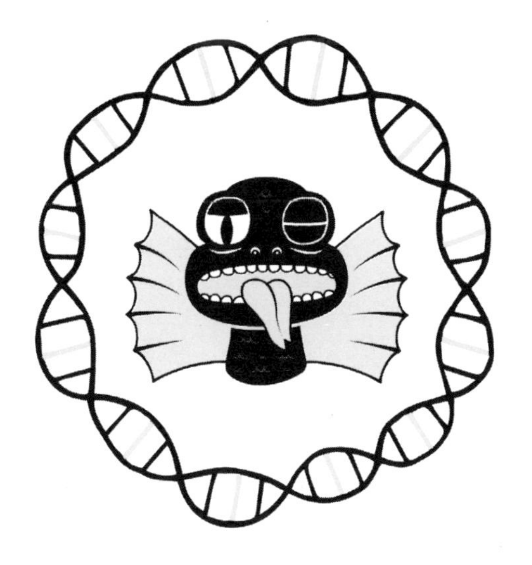

他们到家的时候都快饿死了，但是萨图妮娜姑姑去城里遛弯了，到现在还没回来。西格玛博士决定大展身手，亲自下厨！

“难得今天有这么好的天气！咱们为什么不把桌子和折叠椅搬到外面去呢？在花园里吃饭多好啊！你们现在就开始搬桌椅吧！我来做饭，怎么样？”

艾达和马克斯瞪大了眼睛，异常吃惊地看着西格玛博士。

“可是，**博士，你会做饭吗？**”艾达问道。

“当然会了！”说着，西格玛博士拍了拍挺起的胸脯，整理了一下刘海儿，“只要按照‘经验手册’来就行了。嗯，我的意思是——菜谱！菜谱！哈哈！你们别用那样的眼神看我。去吧去吧，你们快去布置桌椅，摆放刀叉吧！对了，千万别忘了撑上遮阳伞。不然，吃完饭，我们的身体内就该发生很多变异了！”

“变异！就像《X战警》里那样吗？！”马克斯一下子兴奋起来，大声喊道。

“但愿是吧，我亲爱的马克斯，但愿吧……”

西格玛博士小课堂：什么是变异？

西格玛·哈维艾尔

欢迎各位！西格玛变异体S小分队的各位成员们！别因为我叫你们变异体而不开心。身为变异体，并不意味着你们是怪胎。你们没有长三只眼睛，胳肢窝里也没有会发光的毛。你们看上去和普通人一模一样！

朋友们，你们觉得，有什么样特征的人，才能被叫作变异人呢？

其实，**变异的本质，就是DNA发生的改变。**你们还记得吗？遗传信息就储存在DNA中。人和人的遗传信息并不是完全相同的，而是存在着一定的差异。正是因为有了这些基因上的差异，我们每个人才都长得不一样，各有各的特点。基因发生的这样或那样的改变就是变异。

朋友，请你在下面的横线上随意写出一个DNA序列！要记得，你只可以用A，C，G，T四个字母！

……………………………………………………………………………

我最喜爱的DNA序列是这样的：GATAACACA。

没错，这句话在西班牙语中的意思是“小猫去拉屎！（Gata a caca）”。但是，如果我们让这个DNA序列发生一次变异，比如，把序列中的第一个字母C换成字母T，那就会变成：

GATAATACA。

哎呀！这个句子的意思变成了“小猫快进攻（Gata ataca）！”

是不是很有意思！朋友，你想让你写的DNA序列发生怎样的变异呢？请写在下面的横线上。你们这么聪明，一定可以写出很多种变异的形式来，对吗？

……………………………………………………………………………

……………………………………………………………………………

……………………………………………………………………………

艾达：“哇！太棒了！也就是说，我们都可以像浩克那样，一生气就变成绿巨人，对吗？西格玛博士，快告诉我，怎么才能发生变异？”

“啊，我亲爱的小宝贝艾达，现实生活中的变异可不像好莱坞电影中演的那么神奇！咱们说话的这会儿，你的细胞就在积累变异，成百上千的变异！成千上万的变异！”

“啊啊啊啊啊！你说的是真的吗？！”马克斯惊讶地大叫起来。

“淡定，淡定。你们可是身经百战的小科学家啊！其实，这是再正常不过的事儿了，每个人的身体都会发生变异。你们知道吗？我们身体里的细胞在繁殖下一代的时候，其实是复制了一个一模一样的自己。在这个过程中，细胞就需要复制自己的DNA。而在复制DNA的时候，就有可能会出现错误。”

“噢，我明白了。”艾达说，“就好像在考试中抄别人的卷子一样。有的时候，抄着抄着就抄错了。这就是发生了‘变异’的考试，对吗？”

遗传学小提示

我们身体里的细胞也会繁殖——就是产生下一代(也就是子细胞)。而且细胞繁殖的方式非常特别：它们会复制一个一模一样的自己。朋友，你能想象到吗，你可以复制一个自己，或者说，克隆一个自己！哈哈，别做梦了！再怎么做梦也没用！你不可能克隆出一个自己的！但是你的细胞可以！**当一个细胞进行繁殖，产生另一个新细胞的时候，会把自己的DNA也复制给那个新的细胞。**但是，因为DNA太巨大了，**复制的时候难免会出现错误**。有的时候，我们的细胞会察觉到复制出现了错误，然后及时把错误纠正过来。但是，有些时候，细胞来不及发现错误，这就使得新细胞（或者说子细胞）发生了变异。

“西格玛博士，我不太明白。”马克斯说，“既然变异只是发生在细胞复制DNA的过程中，那你为什么让我们撑遮阳伞呢？难道晒太阳会让我们发生变异吗？”

“问得好，马克斯！你真是越来越像生物学家了！”西格玛博士开心地大笑起来，嘴角都咧到耳朵根儿了，“没错，太阳光的辐射会导致我们的DNA发生变异，这是因为，太阳光中的辐射会损伤DNA。除了辐射以外，还有很多其他的物质，也会引起变异，因为它们都会损伤DNA。”

“损伤！哦——就像小猫莫提莫尔玩我的漫画书，结果把书都抓破了一样，是吗？”马克斯问道。

“再比如，您借给马克斯一本书，当马克斯还书的时候，书已经被涂得看不见字了……”艾达又开始嘲笑马克斯了。

“这种事只发生过一次！再说了，那次完全是个意外！”

很多物质都会损伤我们的DNA，比如：有毒物质、辐射、点燃的香烟等等。此外，有些东西，适量的情况下是有好处的，但是一旦过量，就会带来危险。比如，太阳光。没错，太阳是我们的“宇宙之王”，没有太阳就不可能有生命。没有太阳，我们将生活在无尽的黑暗中！伸手不见五指。啊，太可怕了！

但是，除了可见光以外，太阳光中还有紫外线。适量的紫外线是有好处的。比如，经过紫外线照射，我们的身体才能合成维生素D。维生素D对于我们骨骼的生长是非常重要的。当紫外线射到我们身上，我们皮肤中的胆固醇就会转化成维生素D。所以，常晒太阳可以延年益寿。

虽然紫外线对人体有好处，但是，千万不能过量！因为过量的紫外线会损伤我们的DNA。所以，我们必须做好防晒工作，千万不要让过量的太阳辐射，把我们的DNA烧焦了。

弗里奇新奇资料大放送

幸运的是，我们的细胞会修复自己，也就是自己给自己疗伤。如果辐射或者有毒物质破坏了我们的DNA，我们的细胞就会自动地对受损的DNA进行修复。细胞里有一些小型修复机器，它们可以探测到DNA发生的变异，然后开展修复工作。

但是，有的时候，我们的细胞里发生了太多太多的变异，来不及一个一个地进行修复。比如，你不涂防晒霜，也不做任何防晒措施，在海边一玩就是好几天，而且每天都暴露在太阳底下。朋友们，你们可千万别这样做！因为那样做的话，你的细胞就会发生非常非常多的变异，你的身体就会出现一些不适的感觉或者症状。而且，你们知道吗？在让你的身体感觉不舒服之前，发生变异的细胞会选择自杀！没错，那些发生了不良变异的细胞会自杀！在生物学中，我们把这个过程叫作“细胞凋亡”，也叫“细胞程序性死亡”。什么，你想看看真正的细胞凋亡现象？！那你就去暴晒一整天，然后好好观察一下你暴晒后的皮肤吧！如果你脱皮了，那就说明你皮肤上的那些细胞已经自杀了。所以，朋友们，一定要好好对待你们的细胞啊！一定要记得涂防晒霜！

然而，并不是所有的变异都能得到修复，那些没有得到修复的变异，就会保留在我们的细胞中。这些变异可能会诱发疾病，但也可能会对生物有利。

朋友，你们以前不知道变异也会带来好处吧！那么，变异到底好还是不好呢？在本书的第五章《进化》中，我们将详细地为你解释这个问题。

基因册跳转
P.109

“马克斯，你知道吗？你的DNA来自你的父母，你父母的DNA来自你的祖父母，你祖父母的DNA来自你的曾祖父母，你曾祖父母的DNA来自你的曾曾曾曾曾……”西格玛博士的舌头转不过弯儿来了。

“西格玛博士，你的舌头怎么了？你可别口吃啊！”何塞丽塔捂着嘴，笑着说。

“曾曾祖父母……谢谢你，何塞丽塔。你看，你的DNA并不是一种人类从未有过的、全新的DNA，而是几千几万年来，通过一代一代的人，慢慢地传递和积累下来的。在这段漫长的时期里，人类的DNA也在一点点地发生着变异，而且有些变异还一代一代地保存了下来。”

“那就是说，我们每个人出生的时候，身体里的DNA就已经携带着变异了？”

“没错，我们每个人生来就带有变异。”

“好玩！太好玩了！”艾达和马克斯异口同声地说。

西格玛博士去忙着做饭了，趁这工夫，艾达和马克斯赶紧把桌子和折叠椅搬到了花园里。

“唉，我要是能变异成‘万磁王’就好了，那样的话，我就不用费这么大劲儿来搬这些桌椅了，用我的磁力就能轻松地移动它们。”马克斯感叹道。

“那你就变成了‘万磁王马克斯’。”艾达笑着说。“万磁王马克斯”掐着腰，神气地看了一眼看了艾达。

“我更想变异成简·葛雷，还有……还有独眼巨人。”何塞丽塔说。

“对！独眼巨人能发射激光，把坏人都烧焦！”艾达激动不已地说，“马克斯，你快去告诉西格玛博士，我们已经把桌椅准备好了，我现在带何塞丽塔去看看索林、巴林、菲利、吉利还有雷纳尔多。”

艾达和何塞丽塔一推门进去，小鸡们就叽叽叽地拼命叫个不

万磁王——马克斯

独眼巨人——艾达

停，好像在欢迎她们。

“噗——呱——嗒咕——”雷纳尔多也在拼命地叫着。

这个可怜的小家伙儿一直跟在索林屁股后面，不停地在箱子里转悠，努力地模仿其他小鸡的行为。但是因为它身体细长，又没有羽毛，所以有些动作，模仿起来并不容易。

“艾达，你看，所有的小鸡都神采奕奕的！可是，你确定雷纳尔多是一只小鸡吗？”何塞丽塔一边说，一边抓起一把玉米，喂给小鸡吃。除了雷纳尔多以外，其他的小鸡都飞快地跑过来抢玉米。雷纳尔多它……它一点也不喜欢吃玉米……你们快看，它正在努力地抓一只蚂蚁呢！

“当然了，我觉得它是小鸡。你看，它和其他的小鸡们相处地

多好啊。再说，它们都是从一个窝里孵出来的！可能……大概……也许是因为雷纳尔多的基因发生了太多的变异，所以它才长出了鳞片！”何塞丽塔想说点什么，可是她刚张开嘴，还没等发出声音，艾达就又打断了她：“我会向你们证明的，雷纳尔多肯定是发生了超级变异，它是小鸡中的‘X-战警’。”

何塞丽塔小课堂：
我们怎样才能发生变异？

为了弄明白雷纳尔多到底是不是一只超级变异小鸡，首先，我们需要弄清楚它到底是不是鸡。

我们可以把雷纳尔多的DNA和一只正常小鸡的DNA做一个对比，看看它们的DNA是不是相同。朋友，你们想想，如果我们现在要对比同一物种的两个生物个体的DNA，比如说，两个人的DNA，我们应该怎么做呢？

人类基因组计划

朋友们，请注意，下面可是重磅消息。21世纪初，人类第一次成功读取了自己的基因组（所谓基因组就是一个人的全部基因）。那可是一大堆的字母，一个接一个，**排列成下面这样的序列：**

ccgatgtatttcgaatctagg……天啊，谁能看得懂这是什么？！

但是，逐渐地，我们学会了解读基因，明白了基因中蕴含的信息。啊！这些基因就像象形文字一样！此外，我们还发现，基因控制着我们的表现性状。**人和人之间，长相千差万别，这都是变异的结果。**有的人高，有的人矮；有的人胖，有的人瘦；有的人头发是金黄色，有的人头发是黑色；有的人患有糖尿病，有的人长雀斑，有的人……甚至，有些疾病也是由DNA的**变异**引起的，当然，是那些不利变异引起的。

人类基因组大约有30亿个碱基对。现在，要写出一个人的基因序列，比如说你的基因序列，或者我的基因序列，只需要几天的时间就够了。但是，第一次测定人类基因组序列的那次行动，可是一次非常非常庞大的工程，而且是国际上的庞大工程。美国、加拿大、新西兰、英国、西班牙和中国的科学家们都贡献了自己的力量。科学的发展真是了不起啊！

人类基因组计划正式启动于1990年，直到2003年，测序工作才圆满结束。这项计划耗费了30多亿美元，这可是一笔巨额资金啊，可以买下无数个私人游泳池、无数个私人足球场！也就是说，这是一项花费了十多年的心血，投入了大量人力、物力和财力的大工程。但是，这一切都是值得的！正因为完成了人类基因组计划，现在的我们才能这么好地了解人类的全部基因，科学家们才能够继续进行研究，探索治疗遗传病的方法。

弗里奇新奇资料大放送

朋友们，你们一定注意到了，有些变异是有利的，有些变异是不利的，甚至会引发疾病。接下来，咱们就一起来总结一下吧。

●变异可能带来好处，产生多样性:

用我们眼睛的颜色来举个例子吧！基因OCA2控制我们虹膜上黑色素的产生。黑色素就像一种颜料（或者说染色剂），会让我们的虹膜呈现出不同的颜色。虹膜就是我们眼睛上带颜色的那个圆圈。如果OCA2合成的黑色素比较多，我们的眼睛就会呈现比较深的颜色；但是，如果OCA2合成的黑色素比较少，我们的眼睛就会呈现比较浅的颜色。OCA2这个基因的变异，就决定了我们虹膜上黑色素的多少。朋友们，你们的眼睛是什么颜色的？当然，还有一些其他的变异，也很有意思。比如，变异会让我们有不一样的肤色、不一样的身高，会让有些人长出蒲扇一样的大耳朵、有些人长出企鹅一样的大脚，等等。

●基因也可能带来麻烦，引发疾病:

比如，凝血基因发生变异就可能引发血友病。得血友病的人血液很难凝固。朋友们，你们有没有注意过，当我们磕破皮的时候，血是不是流一会儿就自己止住了。

这就是因为血液凝固了。也就是说，伤口附近的血从液体变成了固体。患血友病的人需要格外小心，不能让自己受伤，因为他们的血不会凝固，一旦流起来，可就止不住了！

突然，马克斯走进屋里来。他是来找工具箱的。

“马克斯，你在找什么？西格玛博士的饭做得怎么样了？现在可不早了。”

“嗯，我想，饭还得等一会儿。西格玛博士说，煤气灶打不着火，他现在正想办法修理煤气灶呢。你们饿了吧，咱们先找点东西吃吧。”

“对了！昨天我在冰箱里看见过一块西瓜！咱们先去吃点西瓜吧！冰镇西瓜！”艾达说着，口水都要流出来了。

何塞丽塔搬着装小鸡的箱子，跟着艾达走出了房间。马克斯叹了口气，唉，他刚刚做了个白日梦——他看见面前有一大包薯条，他就追着薯条跑啊跑啊跑！可惜，梦就是梦。薯条，这会儿是吃不着咯！他快跑了两步，追上了艾达和何塞丽塔，来到院子里，坐在遮阳伞下，开始切西瓜。

“西瓜籽真是烦人！”马克斯一边用叉子尖去掉西瓜上的籽，一边抱怨说，“我们要是买的无籽西瓜就好了！就不用费这么大劲儿去籽儿了！”

“这么说来，你希望西瓜不结籽，是吗？马克斯。”是西格玛博士走过来了，他系着围裙，带着厨师帽，手里还拿着一只扳手。

“不结籽？西瓜可以不结籽吗？”

“当然可以了，马克斯！”说着，博士又回到厨房去了。何塞丽塔接着回答道：“这就要看西瓜的细胞里有多少组染色体了！”

何塞丽塔小课堂：你是几倍体生物？

人类是二倍体生物。朋友们，别误会，这可不是什么侮辱性的语言。二倍体就是细胞里含有两个染色体组的生物。**从我们的每一对染色体中，拿出一条，把它们组成一个组，就叫作一个染色体组。**

现在，我们就来好好谈一谈染色体组。朋友们，如果学习第二章的时候你们打瞌睡了，现在就翻回去再好好看看吧！

基因册跳转
P.41

有时候，细胞中染色体组的数目会发生变化。比如，可以有三个染色体组（三倍体细胞），或者四个染色体组（四倍体细胞），等等。

人类的染色体组数要是发生了变化，那可就糟糕了！我们只能有两个染色体组，这样才能正常生活！除了以“一整个染色体组”的形式增加或减少以外，染色体也可能会以“单个染色体”的形式，发生数量的变化。也就是说，不是多了或少了一整个染色体组，而是多了或少了个别的染色体。这对我们人类也没有好处。但是，像这样染色体数量变化不大的情况下，人还是可以活着的。比如，21三体综合征，也叫唐氏综合征。得这种病的人，有3条21号染色体。他们虽然可以活着，但是生下来就智力低下。所以这种病，也叫作“先天愚型”。

但对植物来说，情况就不一样了。比如香蕉、西瓜、哈密瓜、小麦、菊花，等等。这些植物可以有多组染色体。一般来说，如果它们的染色体组的数目是单数，就不会结籽；如果染色体组的数目是双数，就会结籽。

正常状态下的西瓜是二倍体，但是，如果我们用一种特殊物质对西瓜进行特殊的处理，让西瓜的染色体复制，我们就可以得到四倍体西瓜。

如果我们把二倍体西瓜和四倍体西瓜进行杂交，我们就可以得到三倍体西瓜。因为三倍体西瓜的染色体组数是单数，所以它无法产生种子，也就是西瓜籽。这样，我们就得到了无籽西瓜。

何塞丽塔刚刚解释完，萨图妮娜姑姑就到家了。

“嗨，孩子们！你们好吗？呀，你就是何塞丽塔吧！”萨图妮娜姑姑第一次见何塞丽塔，就非常热情地跟她打招呼，“他们两个经常提起你，说你是个非常了不起的小科学家！哎呀，快看这些小鸡！它们真是太可爱了！你们给它们起的那些《星球大战》里的人物的名字都是什么来着？”

“是《霍比特人》！”马克斯生气地大叫道，“这只是索林，这只是巴林，还有吉利，雷纳尔多……”

嘭——！

还没等马克斯说完，突然传来一声爆炸声！不好，厨房里冒烟了！大家急急忙忙跑进去，就看见西格玛博士正拿着一块抹布，扑锅里面的火呢。原来是锅里的食物着火了，幸好他的刘海儿没有被烧到。

“西格玛博士，你没事儿吧？！”

“嗯，没事，没事。一切都在我的掌控中！只不过，刚才拧煤气开关的时候，我的手有点……滑……那个，你们觉得出去吃饭这个主意怎么样？”

第四章
转基因生物

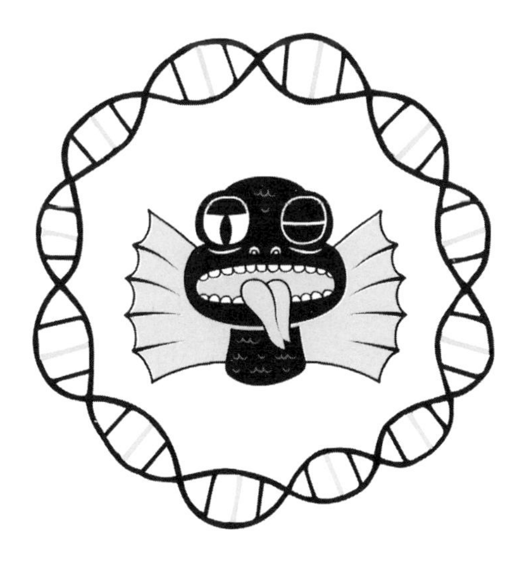

“天啊！这是什么鬼菜单啊！简直是天书！我一个字儿也看不懂！而且，这里到处都是鱼腥味，我快吐了！”

“马克斯，你怎么能这么说？！”艾达不同意马克斯的话，“这样多有意思啊！闻着各种食材的气味，想象各种食物的味道！看不懂菜单就随便点吧！你猜哪个好吃就点哪个！不试试怎么知道好吃不好吃呢？”

西格玛博士没有和孩子们一起出来吃饭，他留在家收拾厨房里的烂摊子。萨图妮娜姑姑在城里逛了一天，很累了，想在家好好休息，也没有一起来。何塞丽塔带着艾达和马克斯来到了一家名叫“凯琳达”的餐厅，这是一家非常地道的菲律宾餐厅。餐厅的大堂里有一个展示橱窗，里面展示着各种各样已经做熟的菜，菜名听起来都很奇怪。比如，迪努根（猪血炖内脏），布拉洛（菲律宾炖牛肉），还有卢戈（粥）。

艾达看着眼前这新奇的一切，嘴角不自觉地上扬，开心得跟朵花儿一样。

“我不知道我能不能吃下这样的东西……但是，必须给小鸡们点点儿东西吃，这些可怜的小家伙儿都饿坏了。”马克斯一边说着，一边把装着小鸡的箱子放在桌子下面。他把索林、巴林、菲利、吉利和雷纳尔多都带来了。

“这地方简直棒极了，何塞丽塔！我从来没来过这样的餐厅！谢谢你带我们来！我要点一个杂碎，试试看好不好吃。”

“好的，艾达。我刚刚点了酱油炒豆芽。这道菜里可都是转基因生物啊！哈哈！”

“转基因生物？”

“对啊！咱们现在吃的大豆几乎都是**转基因的：这些大豆里含有一些外来基因，也就是，它自己原来没有的基因。**”

生物学小提示

我们已经知道，基因是DNA上的有效片段，可以转录成RNA，可以控制生物的性状。如果是一个简单的性状，比如眼睛的颜色，那么一个基因就可以控制。（朋友，你还记得前面讲过的OCA2吗？）但是如果是一个复杂的性状，那就需要几个基因共同作用，来控制这个性状的表达。

何塞丽塔小课堂：什么是转基因生物？

朋友，咱们来想象一下，假如我们现在有一个细胞，嗯，让我想想，取哪种动物的细胞好呢？哎呀，我也不知道取哪种动物的细胞好了，那就假设，我们取的是鸭嘴兽的细胞吧！我们可以取出这个细胞的DNA，在某个地方把这个DNA切断，然后在切开的地方插入一个或者几个其他生物的基因。没错，你可以任意选、随便挑，只要是你喜欢的，可以表现出有意思的性状的基因，都可以。要是让我选的话，我会选择菲律宾跗猴的基因，插入到鸭嘴兽的基因中去。

什么？你没见过菲律宾跗猴吗？它们是一种特别小、特别可爱的猴子，身体大概有15厘米长，生活在菲律宾的雨林里。它们的眼睛又大又圆，又黑又亮，别提多可爱了！

跗猴的DNA，鸭嘴兽体内原本是没有的，但是，我们可以通过一些特别的手段，把它插入到鸭嘴兽的DNA中。这个被插入进去的基因，就是一个转入基因，或者叫**外源基因**。

现在，我们把这个经过改造的基因导入鸭嘴兽的卵细胞，等它分裂、分化、长大。你瞧！我们就得到了一个转基因生物——“菲律宾跗猴鸭嘴兽”。当然，整个过程不会这么快。实际上，要培育出一个转基因生物，需要好几个月，甚至好几年的时间呢！

艾达："转基因大豆！真神奇！但是，等等，我有个疑问，如果说大豆拥有了原本不是它自己的基因，那它是怎么获得这个外来的基因的呢？"

何塞丽塔："科学家们可以在实验室里把外源基因导入到生物体内。而且，因为所有生物的DNA的组成成分是相同的，语言也是共通的（DNA的语言就是那些遗传密码，朋友们，你们没有忘记吧？）所以，我们可以在大豆体内导入其他物种的基因，而大豆会把这些外源基因当作是它自己的基因。就好像来了一个外星人，但是他和我们长得一样，也和我们说同样的语言，我们就会把他当作地球人一样。"

马克斯："哇！这太神奇了！那要怎么导入基因呢？"

弗里新奇资料大放送

要想把一个外源基因（我们选择的一个特别的基因，可以表达出我们期望的性状的基因）导入到植物的基因组中，我们需要使用最先进的生物分子工程和技术。这是一个步骤非常烦琐，每一步又必须做得非常精细的过程：基因轰炸。

你没听错，就是对植物的全部基因进行轰炸。因为，在20世纪90年代的时候，分子生物实验室还不具备对DNA进行“微创手术”的条件。所以，如果我们想得到转基因大豆，就得对大豆的全部基因进行轰炸。轰炸中使用的武器，叫作“纳米金”。没错，没错，就是金子做的纳米粒子。很酷吧！其实就是，很多很多的金原子聚合在一起，形成一个很小很小的球。这个球有多小？告诉你们吧，它的直径只有1～5纳米。进行一次轰炸实验，大概需要3.5毫克的金。没错，这个量非常非常少，所以，你奶奶手上的金戒指，就够我们做无数次实验了。

科学家们先选定想要插入的外源基因，然后把这个基因固定在纳米金粒子上，接下来，好玩的事情就要开始了！科学家们把这些纳米金粒子装进一把基因手枪，然后对**大豆的胚细胞**进行射击。

胚细胞就是能够发育成完整植株的细胞。你说的没错，朋友，就是**种子**！然后，这些“转基因子弹”就会穿过层层的细胞膜，进入到细胞核内。朋友们，你们还记得吗？大豆的**DNA**就在细胞核里。到达细胞核以后，这个新的**基因**就会脱离纳米金粒子，插入到大豆的DNA上。我们的实验就成功了！

因为这种方法是在DNA上随意炸开一个口，然后把外源基因插入其中，所以，很可能会破坏DNA上原有的基因，改变大豆原有的性状，甚至可能破坏整个DNA，使得细胞无法发育成大豆植株。所以，改造DNA完成之后，科学家们要做的就是——培养这些被轰炸过的细胞，让它们发育成小植株，然后观察，哪些植株能健康、茁壮地成长，还可以表现出新基因决定的特殊性状。

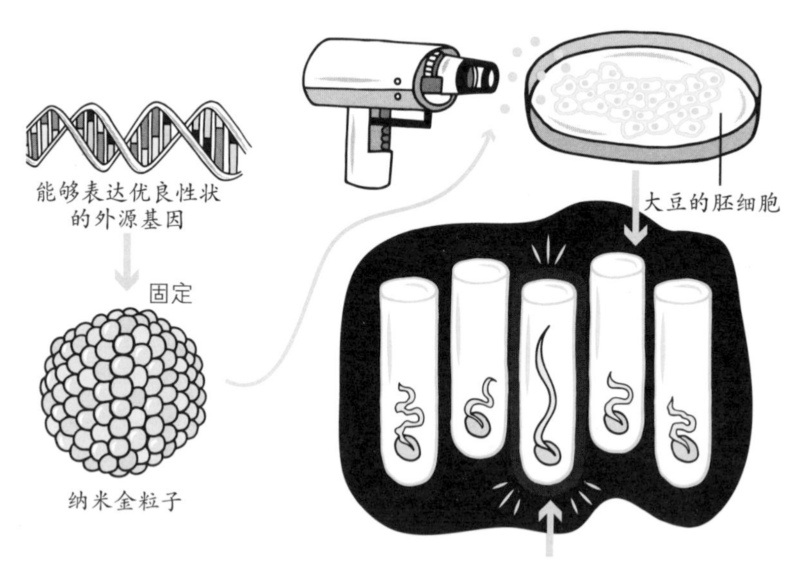

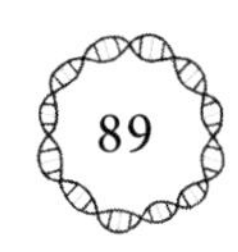

因为科学家们都是非常认真、非常尽责的，所以，他们会对培育出的健康又茁壮的植株进行基因组测序。什么是基因组测序？基因组测序就是读取某种生物的全部DNA。

P.76
基因册跳转

我们需要检测看看，新基因是不是插入到了大豆DNA上的合适部位。这样做是为保证大豆所有的遗传性状都能够稳定地表达。

“除了基因轰炸方法以外，科学家们还可以通过其他的方法，来进行转基因实验。”何塞丽塔继续解释道。

“真的吗，还有其他的方法吗？”艾达吃惊地问道。

“当然了，还有很多方法呢！我最喜欢的方法是使用‘根癌土壤杆菌’来转基因。这种杆菌可以在自然条件下感染细胞。马克斯，你别害怕！感染细胞的意思就是把它自己的遗传物质注入植物体内。”

“那这种杆菌为什么要把自己的遗传物质注入植物体内呢？”马克斯不解地问道。

“这种杆菌非常聪明，它们把自己的遗传物质注入植物体内，让植物产生大量的氮，再利用这些氮，合成自身需要的含氮化合物，比如说，蛋白质。也就是说，根癌土壤杆菌把植物变成了自己的私人厨师！专门给它做好吃的！

“这种杆菌费力地制造出一个转基因植物，就是为了让植物给它做饭吃？！”马克斯一脸吃惊地说道。

“天啊！你们能想象出一株结煎饼果子的天竺葵吗？”艾达天

真地说。

“哈哈！我可想象不出来！你们听我继续解释。在实验室里，我们可以骗一骗土壤杆菌，把它的‘生产氮’的基因换成我们想要的基因。这样的话，当土壤杆菌感染植物细胞的时候，就会在不知不觉中，把我们选定的基因导入植物体内了。利用这样一个小小的把戏，我们就能得到**转基因生物**了！不过，这个方法只能用于一部分植物，因为土壤杆菌不能感染所有种类的植物，也不能感染动物。”

遗传学小提示

朋友，你可能会问，为什么一定要把不是大豆的基因转入到大豆体内呢？还有，我们想要把什么样的基因导入植物的体内呢？

对于大豆来说，我们给它导入的是一种很强大的抗除草剂基因。通过这样的方式，我们可以**保证大豆的产量**。大豆可是全世界最重要的农作物之一啊！

有了转基因大豆，农民们就可以放心地使用除草剂来杀死农田里的杂草，而不用担心大豆苗会受到伤害了——因为转基因的大豆苗是不怕除草剂的。你们现在明白了吗？

但是，**因为使用了太多的除草剂，也就是农药，很多河流、湖泊和小溪都受到了污染**。甚至，咱们吃的转基因大豆中也有残留的农药。唉，真不知道转基因生物到底是好还是不好。朋友们，你们觉得呢？

弗里奇新奇资料大放送

任何事情，我们都不能说百分之百是对的，或者百分之百是错的。对于转基因生物（或者说经过基因改造的生物）来说，要判断它到底好还是不好，我们需要考虑非常多的因素。我们一定要明白，这是一把双刃剑，有好的一面，也有不好的一面，我们需要搜集多方面的资料，全方位地进行思考，一定不能持有片面的、极端的看法。

转基因大豆对人体无毒无害。但是，它的主要弊端在于，农药的过度使用会造成环境污染。此外，科学家们培育的转基因大豆是没有繁殖能力的，它们不能产生后代。这是因为，我们必须要控制好这个抗除草剂基因，不能让它在自然界中随意传播，否则就有可能让其他的植物，比如杂草，也获得抗除草剂的能力，那可就麻烦了。

但是，**这样的话，农民伯伯们就得每年购买种子**。以前，没有转基因大豆的时候，农民伯伯们都是把自己家的豆子留作种子，但是现在，他们别无选择，只能向一些专门培育转基因生物的机构购买种子。

朋友，你是转基因生物吗？转基因生物带来的一系列问题，你们觉得应该如何解决呢？

雷纳尔多在凯琳达餐厅里跑来跑去，到处找蚂蚁吃。普通的小鸡可不吃蚂蚁，雷纳尔多竟然喜欢吃蚂蚁，这可真是怪事！

突然，从厨房里传来了一声巨响，好像是锅掉在地上了。不知怎么的，西格玛博士竟然从餐厅的厨房里走了出来，他头上戴着一顶烧焦了的高高的厨师帽，帽子上还冒着浓浓的黑烟呢！他手里端着一个巨大的托盘，盘子里放着一条特别特别大的三文鱼，而且是生的！

“亲爱的各位，你们想不想尝一尝我的转基因三文鱼？”西格玛博士迈着自信的步伐，一边走一边说。

“你怎么又去厨房了，西格玛博士？把家里的厨房弄得一团乱，你觉得还不够吗？”马克斯大声冲西格玛博士喊道。

“作为科学家，一定要有锲而不舍的精神！总有一天，我会成为一代厨神的！你们就等着瞧吧！”

“天啊！那条巨大的三文鱼是哪来的？！真是太大太肥了！”艾达问道。

“这是我转基因实验的杰作——转基因三文鱼。”说着，西格玛博士把鱼抱起来，仔细地展示给他们看，然后，又把鱼放回到了托盘上，继续说：“我给它起名字叫贝博。这绝对是基因工程的最新产品！你们看，它的眼睛是多么炯炯有神啊！只要它看你一眼，你就会立刻爱上它！！”

艾达叹了口气，什么也

没说。

“西格玛博士，你脑子里的某个基因一定是烧坏了！”马克斯回应他说。

弗里奇新奇资料大放送

2015年11月19日，FDA……

什么？！你不知道FDA是什么？！没关系，这很正常！因为这是英文缩写！FDA就是美国食品药品管理局。哪些食物或药物对人体是安全的，哪些是有害的，都由这个机构来判定。全世界很多人都会听从它的判定。

2015年11月19日，FDA发表声明，同意把一种转基因动物投入市场，以供人类食用。这种生物就是**转基因三文鱼**。这可是有史以来的第一次啊！

其实，为了得到转基因三文鱼，我们只需要把奇努克三文鱼（Oncor-hynchus tshawytscha，念这个名字的时候舌头都要打结儿了）的生长激素基因转入到标准大西洋三文鱼（Salmo salar）的体内，就可以了。

这样得到的转基因三文鱼比普通的三文鱼更加凶猛，食量也更大。因为它吃得更多，所以长得也就更快，而且，可以比其他种类的三文鱼长得更大、更肥。

朋友，你觉得转基因三文鱼是好还是不好呢？如果你面前摆着一盘转基因三文鱼，你敢吃吗？

“无所不知的何塞丽塔！我的小百科全书！趁着菜还没来，你再给我们讲点别的吧！除了大豆和三文鱼，还有没有其他的转基因生物？”艾达问道。

“当然有了！多得是呢！转基因生物可不仅仅是用来吃的。我还可以给你们举很多很多其他的例子，比如说……这样吧，我们来举办一个非常有意思的比赛吧！”

“总有一款适合你！！”——

最佳转基因生物竞赛颁奖晚会！

晚上好！各位疯狂的小伙伴们！今天可是个大日子！统计了大家的投票结果之后，今天，我们就要公布“最佳转基因生物”的评选结果了！有非常多优秀的转基因生物参加了我们的比赛，但是，只有三个，可以站上我们今天的领奖台。

废话不多说，现在我们就来揭晓，本次大赛前三名的获奖得主！

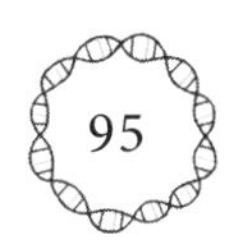

获得本次大赛三等奖的是：黄金水稻先生！

水稻，也就是大米，是世界上很多地区居民的主食！亚洲大部分地区的居民，每天都要吃大米，甚至一天要吃好几次。（哈哈！接受采访的时候，他们是这样对何塞丽塔说的！）

但是每天只吃大米会带来一个问题，那就是：缺乏维生素A。那些总是吃大米，但是很少吃蔬菜水果的人，体内就会缺乏

维生素A（维生素A也叫**视黄醇**，或者β-**胡萝卜素**，有了它，胡萝卜才会呈现出胡萝卜的颜色）。缺少维生素A会导致夜盲症，或者引发一些其他的健康问题，甚至还可能致人死亡。哎呀，太可怕了！

那么，这个问题该如何解决呢？把β-胡萝卜素基因导入到大米中去！对！英戈·珀特里库斯和彼得·拜尔就是这样做的！他们两位就是黄金水稻的创造者。这样的水稻因为含有大量的维生素A，大米粒呈现出胡萝卜的颜色，所以，才叫作“黄金水稻”。

出人意料的是，珀特里库斯和拜尔竟然放弃了黄金水稻的专利权。他们这样做，是为了让人道主义部门能够使用黄金水稻。这两位科学家真是太可敬，太可爱了！现在，黄金水稻正在国际水稻研究所进行检测。你们知道吗？国际水稻研究所就在咱们菲律宾哟！

但是，黄金水稻真的好吗？虽然黄金水稻可以拯救非常多的人的性命，但是，也有一些部门发出了反对的声音。他们觉得，没必要生产这种转基因大米。

理由很简单！如果有人缺乏维生素A，让他们多吃些胡萝卜和土豆不就行了。胡萝卜和土豆都含有极为丰富的β-胡萝卜素。

但是，那些只吃大米不吃蔬菜的人，不是不爱吃胡萝卜，而是他们大多生活在非常贫穷的国家——他们太穷了，根本吃不起胡萝卜。他们只能吃自己家田里种出来的东西，而他们的田里只长大米，长不出瓜果，也长不出蔬菜。

亲爱的朋友，你们怎么看待这件事？通过这件事，你们应该明白了吧，对于转基因生物来说，没有单一的评判标准。我们必须从多个角度出发，全方位地进行思考。

获得第二名的，不是别人，正是我们的胰岛素生产者——大肠杆菌女士！！

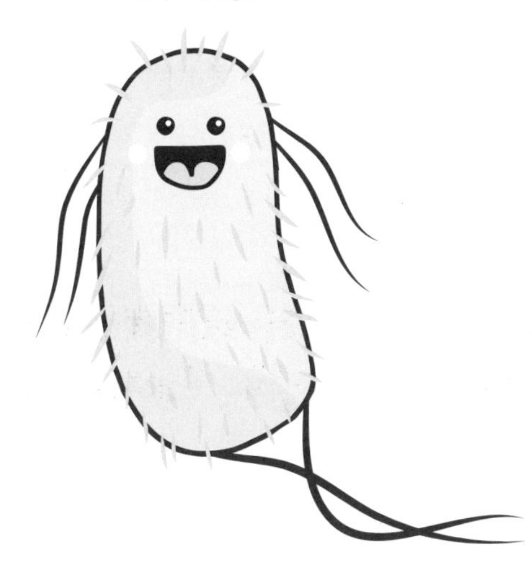

今天的二等奖得主，就是我们无比可爱、无比慷慨的——大肠杆菌女士！因为植入了人类的**胰岛素**基因，这种可爱的微生物可以大量地生产人类胰岛素。它们首先在体内合成大量的胰岛素，然后把胰岛素吐出体外，这样，我们就得到了大量的人类胰岛素，这真是糖尿病患者的福音啊！

朋友，你不太清楚什么是“糖尿病”吗？但是，这个名字你一定听说过，对吗？糖尿病人吃了糖以后，糖不会进入到他们的细胞里，而是会留在血液中……成了……血糖！你一定会想，“哇，太神奇了！血液里有糖！吸血鬼德古拉在哪里？他一定爱死得糖尿病的人了！”但事实上，得糖尿病可不是什么好事。因为血液中含糖量过高的话，会引发非常非常多的问题，比如：视力模糊、经常口渴、皮肤变干、呼吸困难、还会恶心、呕吐……甚至可能会引发死亡！不——我们可不想死！

胰岛素可以帮助血糖进入细胞，所以，用来治疗糖尿病是再好不过了！人类的胰岛素在胰腺中合成但是患有乙型糖尿病的人，他们的胰腺受到了损伤不能生产足够的胰岛素。所以，他们需要在必要的时候往血液中注射胰岛素。啊！真的要感谢转基因大肠杆菌！别看它们身材娇小，它们却能合成大量的人类胰岛素！有了它们，我们想要多少胰岛素都不是梦，而且——没有人对生产胰岛素的转基因大肠杆菌提出异议！就连那些最不看好转基因生物的人，也没有任何反对意见！谢谢你们！谢谢你们，可爱的小家伙们！

最后，我们来揭晓一等奖的得主！获得转基因生物竞赛一等奖的，最佳转基因生物，它就是：
青蒿！对抗疟疾的植物——青蒿！

青蒿，也叫黄花蒿。是生物制药领域的无价之宝！而且，这是一种毛茸茸的、非常可爱的植物宝宝！没错，你没有听错，有些植物也长毛，

我们把这种毛叫作**绒毛**。

青蒿的绒毛会分泌一种液体，这种液体中含有一种天然的化学成分，叫作青蒿素。从青蒿中提取出来的青蒿素，不需要经过加工，就可以直接用来治疗疟疾。

科学家们往青蒿中转入了一些基因，大大地提高了青蒿绒毛中青蒿素的浓度。如果我们能不断提高青蒿素的浓度，那么只要喝一杯青蒿汁，就可以轻轻松松治好疟疾了！让我们一起，为青蒿鼓掌！

全世界，每年大约有50万人死于疟疾这种疾病！疟疾是由一种奇丑无比的寄生虫引起的。这种寄生虫叫作恶性疟原虫。它们生活在按蚊的唾液腺里。真是个恶心的地方！！如果一个人被按蚊叮了，疟原虫就会进入他的血液，这个人就被感染上了疟疾！疟原虫会攻击我们血液中的红色小球，没错，就是那些运输氧分子的红色小球——血红细胞。如果疟疾不能得到及时的治疗，就会导致人死亡。所以，我们必须及时发现疟疾患者，并尽快对他们进行治疗。

那么你要问了，随着科学的发展，我们已经研制出了治疗疟疾的药物，为什么还需要转基因青蒿呢？事实是这样的：一般来说，疟疾都发生在贫困国家，那里的人们没有钱进行药物治疗。但是，他们可以种植转基因青蒿，这样，他们就可以自己治疗疟疾了！毫无疑问，转基因青蒿物美价廉，可以救很多人的命。它就是我们当之无愧的，最佳转基因生物！

（编者注：青蒿素及其抗疟疾作用是中国医药学家屠呦呦等发现的，屠呦呦也因此获得了2015年诺贝尔生理学或医学奖。）

别急，别急！颁奖典礼还没有结束呢！我们还有一个特别的奖项，那就是，大家投票选出的最美丽的转基因生物！它就是——荧光鱼！可以在黑暗中发光的鱼！

绿色荧光蛋白

没错，这种小鱼可以在黑暗中发光！它之所以有这样的超能力，是因为它的体内被导入了绿色荧光蛋白（GFP）基因。

这种基因是从“维多利亚多管发光水母”体内提取出来的。绿色荧光蛋白可以释放荧光因子，有了荧光因子，就可以在黑暗中发光了！

其实，我们可以将绿色荧光蛋白基因导入任何一种小动物的体内，比如：老鼠、小狗、人、大象，甚至是鲸鱼，等等等等。这样，就可以让所有的生物都在黑暗中发光了。是不是很棒？！但是，我们不能随随便便使用绿色荧光蛋白，这么高级的东西可不能只用来耍酷——我有会发光的宠物，还有会发光的爷爷奶奶。我们会把绿色荧光蛋白使用在一些非常严肃的实验中，用它来跟踪细胞（或者细胞中的某些结构），通过让细胞发光，我们就可以更方便地对它们进行追踪和观察。

艾达："等一下，我知道了！雷纳尔多不是发生了变异，它是转基因动物！这样一切就都说得通了：孵出雷纳尔多的那颗蛋，一定是掉在了含有恐龙化石的矿层上。恐龙化石中的DNA慢慢跑出了地面，然后进入到了那个蛋里。再然后，恐龙的DNA就入侵到小鸡体内，让小鸡表现出了恐龙的某些性状：虽然身体的大小没有发生变化，但是没有了羽毛，长出来牙齿……我敢肯定，等雷纳尔多长大了，它一定会从嘴里喷出火焰来！你们等着瞧吧！"

西格玛博士："那是不可能的！艾达！你刚才说的所有事情，都不可能！首先，基因不会像你说的那样，跑出来，然后'入侵'到另一种生物体内。只有电影里才会发生这样的事儿！要是真的能像你说的那样，我多希望我能拥有帝王蝶的基因！哈哈，那我就无敌了！但事实上，基因既不可能像你说的那样，进入到人的身体里，也不可能那样进入小鸡的身体里。为了获得转基因动物，就像刚刚我们讲过的转基因植物一样，我们也需要使用先进的基因工程技术，而且需要在分子生物实验室里进行。"

如何才能得到转基因动物?

孩子们，你们知道吗？虽然我们看不见DNA分子，就算用显微镜也看不到，但是我们可以随意对DNA分子进行一系列的操作：切割啊、连接啊、替换啊，等等等等。但是，所有的这些操作都必须非常谨慎地进行！不然，我们就可能会制造出一些……怪物！啊啊啊！想想都觉得可怕！

为了得到转基因动物，我们要做的第一步，就是想清楚，我们到底想要一只什么样的转基因动物。一定要非常严肃地思考这个问题！朋友们，你们有什么好的建议吗？你们想要什么样的转基因动物？

马克斯：“我想要一只会飞的小猫！”

何塞丽塔：“我想要一只可以远程遥控的小狗！”

艾达：“我想要一只会唱拉美流行歌的粉红色章鱼！”

西格玛博士：“孩子们，孩子们，培育转基因生物首先要考虑的，是实用性。一定要想清楚，培育这种生物有什么用处。难道仅仅是为了好玩吗？那样可就太不负责任！太不道德了！”

何塞丽塔："那咱们制作一只'蜘蛛羊'吧！一只奶水中含有蛛丝蛋白的羊！"

弗里新奇资料大放送

"蜘蛛羊"真的存在！2011年，在位于美国西部的犹他大学，科学家们做出了一只转基因羊，这只羊的奶水中含有蛛丝蛋白。挤出羊奶之后，只需要把羊奶过滤一下，就可以得到蛛丝蛋白，然后你就可以去纺丝了，然后……哈哈！你就可以给自己织一条"羊奶蛛丝"围巾。那一定是世界上最时尚的围巾！因为，那料子可是从羊奶中提炼出来的蜘蛛丝啊！

如何得到一只"蜘蛛羊"

材料：

蜘蛛的DNA；

羊的卵细胞；

限制性核酸内切酶（切断DNA的分子剪刀）；

非常细的针管，用来把蜘蛛的DNA插入到羊的卵细胞中。

步骤:

咱们现在就动手吧!

第一步就是要提取我们想要的基因。因为我们想要的基因来自蜘蛛,所以,我们需要用到蜘蛛的DNA,然后从中找到我们需要的产丝基因。我们就叫它“蛛丝基因”吧!

我们需要用一把非常非常小的剪刀,也就是限制性核酸内切酶,把我们需要的基因从蜘蛛的DNA上剪下来,然后直接把这个基因注射到羊的卵细胞中。这个来自蜘蛛的基因就会随机地插入到羊的DNA上。

当然,实验不可能一次成功。因此,我们需要反复进行很多很多次试验,使用很多很多的卵细胞,才能确保外源基因插入到了适当的位置。

现在,我们给将要做“代孕妈妈”的母羊起个名字,就叫佛洛伦西亚吧!随便随便,叫什么名字都行。我比较喜欢佛洛伦西亚这个名字,所以就这么叫吧。

孕期要持续五个月。卵细胞要在佛洛伦西亚的肚子里成长、发育。五个月后,佛洛伦西亚就会生出一只可爱的羊宝宝,这个羊宝宝就携带了我们插入的基因。我们的转基因羊就这样诞生了!

马克斯:“那我们为什么不用人工合成的方法来生产蛛丝蛋白呢?这样不就不用麻烦小羊了!”

西格玛博士："我的小宝贝，我们要是会人工合成就好了！可惜啊，我们不会。蜘蛛丝里的纤维要比同样粗细的钢丝结实得多，弹性也更好！它可以拉伸到原来的1.35倍，而且不会被拉断。蛛丝的坚韧程度，是今天我们能够化工合成的、最坚韧的纤维的3倍。直到现在我们也没能生产出蛛丝的替代品。"

西格玛巫师占卜：
转基因生物的未来

以前，能不能成功得到转基因生物要看运气。决定好要制造什么样的转基因生物之后，如果你能把外源基因插入到它的DNA上的合适位置，那么，你一定是个幸运儿！恭喜你！你将能够成功得到你想要的转基因生物。但实际上，制造转基因生物是一个相当漫长的过程，而且在这个过程中，你需要不断地进行观察和分析，哪些基因插入到了适当位置，哪些没有。哎呀，别提多麻烦了！

但是，几年前，我们掌握了一种新技术，引起了分子生物实验的大变革。这种技术就是—— **CRISPR/Cas9** 基因编辑法。

有了这种技术，我们就可以随意在DNA上选择基因插入点。也就是说，我们想把基因插入到哪里，就可以准确地把基因插入到哪里。怎么样？是不是棒极了！

其实，这种技术的操作原理很简单。Cas9是一种核酸内切酶，就是一种可以切割DNA的酶。而且，它是一种可以编辑的核酸内切酶，也就是说，在实验室里，我们可以设定它在哪里切断

DNA。我们把选择好的切入点告诉这种酶，这种酶就会乖乖地在我们设定的部位，把DNA切断。通过这个方法，我们就可以非常准确地控制基因的插入点了。和那些传统的转基因方法相比，这个方法省去了很多不必要的麻烦呢！

这就是未来的发展方向！

“哇，菜来了！”艾达看到服务员端着盘子走过来，兴奋地喊道。

“我都快饿死了！”何塞丽塔说。

“呀！这些菜看起来都很好吃啊！哦，不不，不是每道菜看上去都很好吃。马克斯，你点的那个是什么？”

马克斯点的菜看起来真叫人恶心：那是一道汤，黄不拉几、黏黏糊糊、冒着热气，闻起来还臭烘烘的。那味道简直就像堆满了牛粪的农场！哦，不不，像养臭鼬的农场，而且是一直放屁的臭鼬！恶心极了！

马克斯没有回答，他把汤端给小鸡还有雷纳尔多。它们看到这道汤，都吓坏了，一股脑地全跑到西格玛博士脚后面，躲了起来。

遗传学小测试
你是转基因生物吗?

1.半夜你会经常醒来，看到自己像个怪物一样，在黑暗中闪闪发光?

是的/不是/有时候会

2.你的汗液中含有抗疟疾的物质?

是的/不是/有时候会

3.因为你身体里含有过量的维生素A,你的屁股是胡萝卜色的?

是的/不是/有时候会

4.你的手腕会射出蜘蛛丝?

是的/不是/有时候会

5.当你打喷嚏的时候,你的耳朵里会射出一股一股的胰岛素?

是的/不是/有时候会

如果你

大部分答案选择“是的”:

你可能不是人类。你的DNA上一定插入了某种奇怪的基因。你快去做一个基因检测吧!

大部分答案选择“不是”:

很遗憾,你就是个普普通通的人类,没有经过任何的基因改造。

大部分答案选择“有时候会”:

你的基因具有跳跃性。时而正常,时而不正常。某一天你可能会变成“X战警”中的一员!

第五章
进　化

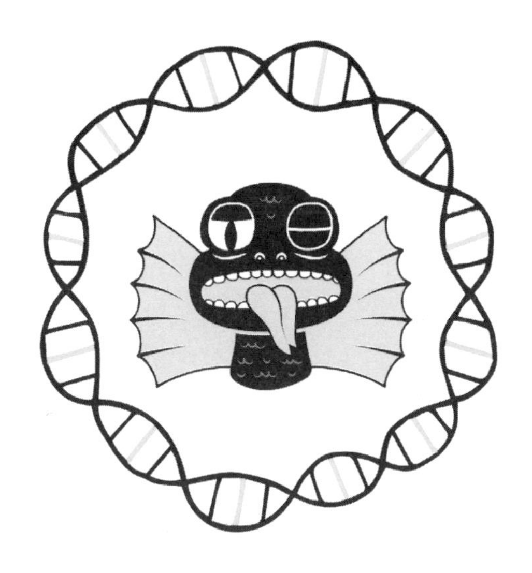

“你可真棒！何塞丽塔！在动物收留中心做志愿者一定很有意思吧！**要是有更多像你这样的好心人就好了！**”马克斯一边称赞何塞丽塔，一边走进了小屋。屋里简直是个动物园啊！——有小狗、小猫、乌龟，还有各种颜色的小鸟，真是让人眼花缭乱！

“快往里走，马克斯。要是这只鸟在你头上拉屎，可就不好了！”艾达说着，往前推了马克斯一把。

“闭嘴，你这个烦人的家伙……”

小鸡宝宝们也高兴坏了，蹦蹦跳跳地跑了进来。它们调皮极了，一下子冲进了天堂鸟的笼子，侵占了它的领地。雷纳尔多更过分，它爬到鸟身上，骑着它就飞出来了。别提多逗了！

“你们快跟我来，我领你们看看这里到底有多少种不同的小动物。咱们就从小狗开始看吧！我最喜欢小狗了！”何塞丽塔兴高采烈地说。

“真的吗？太巧了！我也最喜欢小狗了！”马克斯说。

“马克斯，你别装了，你明明对狗毛过敏……呀，怎么办！你的眼睛已经肿起来了！”艾达说话总是那么爱夸张。

“行了，快闭嘴吧，多管闲事的老阿姨……”

“你们看，这里有很多不同种类的狗：这只是猎犬，这只是松狮，这只是八哥犬，这只是柴犬，那只是……西格玛博士……天啊！西格玛博士！你在干什么？你怎么和那只狮子狗打起来了？”

“哎呀！你们快来帮我！它抢了我做实验用的骨头！”

“哇！何塞丽塔！这里的狗，种类可真多啊！大到狼狗，小到狮子狗，什么样的都有！哈哈哈，你们快看，那只小不点抢了西格玛博士的骨头就不松口了。哈哈哈！”艾达笑着说。

“是啊，这只狗进化得可真凶残！爪子可真锋利！”西格玛博士一边说着，一边拼命从那只小狗嘴里往外拉骨头，那只小狗也毫不示弱，为了守住骨头，它也拼尽了全力——对着西格玛博士张牙舞爪，又抓又叫。

“进化是什么意思？”马克斯不解地问道，“进化和这只狗的爪子锋利有什么关系？”

进化！多么神奇的过程！

正因为有了进化，地球上才有了多种多样的生物——从温顺的企鹅到凶残的鬣狗，从看不见的细菌到随处可见的香蕉，从可爱的猴子到令人恶心的蟑螂……这一切都是进化的结果，我的小科学家们。举个例子吧：一只狼和一只吉娃娃狗，虽然长相、性格都不相同，但是它们的曾曾曾曾曾曾曾祖父母是一样的，也就是说，它们有共同的祖先。从共同的祖先，演变出不同的生物，这个过程就是进化。

如果我们能穿越到很多很多年以前，嗯，差不多两万年前吧，我们就能看到狼和狗的共同祖先——野生原狼。这些野生原狼中有一些在大自然中经历了自然进化，就慢慢演变成了我们今天看到的狼。而另外一些原狼则被人类驯化了，就慢慢演变成了今天我们认识的各种各样的狗。

艾达：“生物和生物之间变得如此不同，有什么用处呢？”

何塞丽塔：“生物和生物之间有了这些不同，才能分别在地球上的不同地区生活下去啊。比如，比利牛斯猎犬生活在寒冷的雪山里，而吉娃娃却生活在好莱坞温暖的豪宅里。每种生物都很好地适应了它们各自的生活环境。”

马克斯："等等，我不太明白，'进化'怎么决定哪种生物应该有什么样的特征呢？"

我们的世界上有无数种生物，也就是说，生命有无数种存在的形态。每种生物都呈现出自己独有的特征，比如：有些细菌可以在100℃的热水中生存，要知道，100℃可是相当高的温度啊。还有一种叫作"棍虫"的昆虫，它们的身体又细又直，简直和木棍一模一样！还有，西格玛博士，他也有独有的特征——他的发型举世无双！他的刘海儿总是朝天立着，无时无刻不在挑战着地心的引力。

朋友们，你们一定还记得，生物体表现出来的特征，也就是性状，都是由DNA上的基因决定的。可是，进化是怎么产生了这么多不同的性状，和这么多新奇的基因的呢？我来告诉你们吧，进化是通过两种方式实现的：**基因重组和变异**。别急，别急，咱们慢慢讲，我可不想看到你们的脑袋爆炸。

基因重组

朋友们，你们有没有想过这个问题：哥哥和弟弟，姐姐和妹妹，为什么长得不一样？要是你有过这样的疑问，就继续往下读吧。要是你没有这样的疑问，那现在，赶紧放下书，跑去卫生间，照照镜子，问问自己，为什么你和你的哥哥、姐姐或者弟弟、妹妹长得不一样呢，你们可都是爸爸妈妈生的啊！然后你再回来继续看书。哦，你已经回来了？动作可真快！那我们继续往下讲吧！

你的DNA，也就是决定你长什么样子的遗传物质，一半来自你的妈妈，一半来自你的爸爸。妈妈的DNA通过卵细胞传递给你，爸爸的DNA通过精子传递给你。接下来，朋友们，注意了，大自然要施展它神奇的魔力了！你的妈妈，永远不会产生两个含有完全相同DNA的卵细胞；你的爸爸，也永远不会产生两个含有完全相同DNA的精子。没错，大自然就是这么神奇！

朋友们，请注意，既然妈妈只能把她一半的DNA传给你，也就是说，她只能遗传给你一部分她的性状。这就意味着，在妈妈的身体产生卵细胞的时候，她的性状是被随机地分配到各个卵细胞中的。所以，每个卵细胞都是不一样的。有可能，一个卵细胞和另一个卵细胞的差别很小，但是，差别再小，它们也是不一样。你们明白吗？精子也是这样。每个精子都和其他的精子不一样。当一个卵细胞和一个精子结合，就会形成一个新的生命，这个新生命就是你，或者你的哥哥、姐姐、弟弟、妹妹。看到了吧？你们从妈妈那里得到的性状是不一样的，从爸爸那里得到的性状也是不一样的，你们当然就长得不一样了。朋友们，现在你们明白了吗？

你们肯定明白了。没错！这个过程就是一个基因重组的过程，而基因重组是随机的！正是因为有了基因重组，每个人才有了不同的特点，所以地球上这么多人才都长得不一样。爸爸妈妈遗传给你们的，是不同性状的一种组合。所以，马克斯，艾达，就算你们两个是表兄妹，你们还是有很多地方不一样。艾达，比如说你吧，你和萨图妮娜姑姑一样，近视眼，可是马克斯的视力却非常好。但是，等他老了，可能会像马希尔爷爷那样，变成一个大光头。

变异

朋友们，你们还记得变异吗？你们那么聪明好学，一定记得，对吗？

变异就是我们的DNA发生的变化，而且这些变化都是偶然的、随机的。有很多因素可以引发变异，比如：辐射、有毒物质、化学物质，等等。我们的身体，每时每刻都在发生着变异。

有些变异对人体没有好处，因为它们会引发疾病，但是，只有极少数的变异是不好的变异。大部分变异，可能不会对人体产生任何影响，也可能会给我们带来一些好处。这些好处就是——让我们更好地适应生活环境。

如果，我们可以把这些有好处的变异传递给我们的孩子，换句话说，如果这些对我们有利的变异是可以遗传的，那么，这些变异就会对进化做出贡献。

举个例子吧，假设你经历了一次偶然的变异，获得了“夜视眼”，在黑夜中看东西就像在白天一样清晰。那么，你晚上起来上厕所的时候，就算不开灯，也不会撞到家具了。是不是挺棒的？如果你的孩子们遗传了你的这种变异，他们就也能在黑暗中看见东西了。但是，对我们人类来说，这双夜视眼虽然很酷，但是没有多大用处。因为晚上的时间，我们基本上都在睡觉。不需要看什么东西。

但是，你们想想猫头鹰……对猫头鹰来说，“夜视眼”可太重要了！！因为，只有在黑夜中能看清楚东西，它们才能迅速出击，抓住那些胆大包天、跑出来吃东西的老鼠，这样才能填饱自己的肚子。猫头鹰在夜间的视力格外敏锐，以至于我们很难相信，这双神奇的眼睛竟然是基因偶然变异的结果。可事实真的是这样，我的宝贝们。但是，别担心，不是只有你们没办法相信这一事实，很多人都无法相信。人们对于基因的变异到底是怎么发生的、各种生物之间的差异是怎么形成的，一直都有特别多的疑问。

关于进化到底是如何发生的，我们有两种说法。这两种说法，是由有两位非常了不起的自然生物学家提出的。其中一位就是大名鼎鼎的查尔斯·罗伯特·达尔文。他认为生物体呈现出的变化是偶然发生的，也就是说，猫头鹰的夜视眼完全是偶然获得的。但是，因为夜视眼对它们晚上抓老鼠有帮助，所以就一代一代地遗传了下去，最终长久地保留了下来。

另一位，是**让·巴蒂斯特·拉马克**。他认为，**生物体发生的一系列的变化，是它们适应生存环境的结果**。也就是说，一开始，猫头鹰在黑暗中什么也看不见，但是，慢慢地，经过不断地练习，猫头鹰在夜间的视力逐渐加强，一段时间之后，它们就能够在黑暗中轻松地看见东西了。

朋友们，我们已经学习了不少遗传学的知识了，那么现在，我们就从DNA的角度对这两种说法进行分析。**依照达尔文的说法，猫头鹰的视力基因发生的变异，是偶然的。**而依照拉马克的观点，正因为猫头鹰需要在夜间捕食，它们的基因才受到了影响，所以它们一代一代地慢慢发生着变化，最终拥有了夜视眼。

朋友，你支持哪种说法呢？

你觉得，变异是一种偶然的变化还是一种定向的变化呢？请依据科学知识，谨慎思考，做出选择！

欢迎各位来到争辩赛的现场！

VS

拉马克

女士们，先生们，各位亲爱的朋友们。参加今晚争辩赛的两位选手已经登场了！首先，我来介绍一下我右手边的这位选手：他来自寒冷又多雨的美丽城市——伦敦。千里迢迢赶到这里，真是不容易啊！让我们送给他热烈的掌声！大家看，他的头上虽然没有一根头发，可是胡子却非常的浓密，竟然遮住他的大半张脸啊！哈哈，可能是他的头发都长在下巴上了吧！好了，玩笑话不多说，他就是，大名鼎鼎的达尔文！

下面，再来介绍一下我左手边的这位选手：他来自巴黎，长着一头浓密的秀发，啊，今天还系了个蝴蝶结，看上去非常的绅士。但是，好像，系得太紧了，把自己的脸都憋红了，哈哈。他就是——拉马克！

这两位争辩者，就是进化理论的提出者。啊，那可是19世纪最震撼人心的大事啊！

进化到底是怎么发生的呢？最好还是让他们亲自向我们解释吧！来来来，话筒就位。好，那么现在，争辩赛开始！！！！

拉马克:

“生物体总是不断地适应生存环境，环境需要它们变成什么样，它们就会慢慢变成什么样！”

达尔文:

“生物体的变化，是在它们生活的群体中偶然出现的！”

拉马克:

“什么？你胡说什么?!

你看不见眼前的事实吗？！

性状的变化不是偶然的，进化也不是没有理由的！

你要是努力地锻炼肌肉，发达的肌肉就能遗传给你的后代！”

达尔文:

“你的老爸常年练习说傻话吗?

难道你继承了他胡说八道的能力？！

变异是偶然的，进化也是偶然的！

优胜劣汰，适者生存！这一点毋庸置疑！”

拉马克:

“照你的说法，什么事情都是偶然的！这简直是胡说八道！

你错了，你就是错了！这是明摆的事实，不用再争论了！

进化和适应环境是相互联系的。

生物变得强壮，是因为在自然界中不断锻炼的结果！”

达尔文:

“我再强调一遍：你错了！

你的理论都老掉牙了！

我的理论已经得到了全世界的认可！你看不出来吗？

快回家去吧！好好修改你的理论！

不然，你的理论就要灭亡了！”

科学家简介

阿尔佛雷德·拉塞尔·华莱士

科学就是这样！伟大的理论从来都不只是一个人的劳动成果，而是从事相关研究的一群人的集体智慧！进化研究中的自然选择理论也不例外。虽然大家把荣誉都给了达尔文，但实际上，大家都忽略了一个非常重要的人物，他就是阿尔佛雷德·拉塞尔·华莱士 。

这位伟大的先生性格开朗，酷爱旅游：他去过亚马孙河、马来群岛、澳大利亚，还有很多其他的地方。

朋友们，他可不是坐瑞安航空的飞机去旅行的。他乘坐的都是1850年的老式交通工具。去趟澳大利亚，大概要坐好几个月的船呢！

在这些旅行中，他一直观察动物。1858年，他给达尔文写了一封信，信中阐述了他提出的物种进化理论。当时，达尔文也在对进化进行研究。很巧，他们两个的看法几乎完全一致。于是，达尔文经过不懈的努力，将两条理论合为一条，在1860年的伦敦林奈学会上进行了发表。这条理论一提出，就震惊了全世界！

艾达：“呀，我知道了！雷纳尔多进化了，所以才长出了鳞片。多亏了基因重组，雷纳尔多从爸爸妈妈那里继承了它们最棒的基因。现在，它就是一只超级小鸡！雷纳尔多会吓跑所有吃鸡的动物。他将成为一代鸡王！”

马克斯：“别说傻话了，艾达！你刚刚没认真听吗？进化过程中不仅仅有基因重组，还有变异呢！雷纳尔多不仅仅是继承了它父母最棒的基因，它还发生了很多很多的变异，这是基因重组和变异共同作用的结果！”

艾达：“没错没错！而且是全世界最棒的变异！”

何塞丽塔：“你们两个啊，最像的地方的就是思维都很活跃！你们绝对是表兄妹，错不了！”

何塞丽塔小课堂

朋友们，进化可不像他们两个说的那样简单。进化不会在一瞬间就发生，也不会发生在某一个生物个体的身上。进化是一个非常漫长，而且持续不断的过程。从地球上出现第一个生命开始，一直到今天，进化从未停息。所以，雷纳尔多是不可能单独发生进化的，再说了，就算它真的进化了，也不可能这么快！

进化是在动物种群中发生的。很多同种的动物聚在一起，就形成了一个种群。在这个种群中，哪些动物的性状更有利于它们适应生存环境，它们就会在大自然的选择中生存下来。举个例子吧：如果需要躲避天敌，那么，长腿就是优势；如果需要找虫子吃，那么，又尖又长的嘴就是优势；如果需要飞去很远很远的地方，那么，翅膀强壮、身体轻盈就是优势。有优势的个体就更容易存活下来。

各种生物逐渐地进化，才有了今天世界上这些数不胜数的物种。朋友们，你们知道吗？很久很久以前，香蕉是不能吃的，因为香蕉里面长着很多又黑、又大、又硬的籽。后来，人们就选择那些籽最小、最软的香蕉播种，然后再挑选，再播种，再挑选，再播种……一代又一代，日积月累，终于种出了今天我们吃的香蕉。啊，香蕉可是最棒的饭后甜品之一啊！不过，巧克力冰激凌永远排在第一位！

遗传学小提示

人类和猴子有着共同的祖先！我们的祖先是一种猿类，不过，现在已经灭亡了。

如果我们可以穿越到过去，我们不仅可以找到狼和狗的共同祖先，也可以找到人类和大猩猩的共同祖先。所以，显而易见，人类不是从我们在动物园里看到的小猴子进化来的。人类是由一种猿进化来的，今天我们看到的小猴子，也是从这种猿进化来的。

所以，像下面这种，画着黑猩猩逐渐学会直立行走，然后慢慢变成了人的图，是不对的！朋友们，千万不要相信！正确的进化图

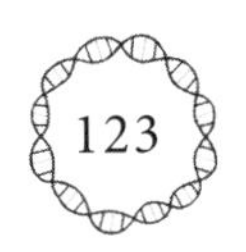

应该是一个树形图：树干上画着人和猩猩共同的祖先——猿，树枝上，应该画着我们人类，还有其他的各种灵长类动物。

错误的进化图

现代的灵长类生物

正确的进化图

人类经历了四百多万年的进化才发展到今天的样子，所以，朋友们，一定要珍惜自己的身份，好好做人！

“咱们养的小鸡也是这样。虽然它们是亲兄弟姐妹，但是每个小鸡都长得不一样。至少不是一模一样。”何塞丽塔说。

“没错，没错。巴林跑得比其他小鸡快，索林的羽毛长得比其他小鸡的厚。”马克斯补充道。

“这些性状都会对进化产生影响吗？”艾达问。

“当然了！谁的性状更能适应生存环境，谁就能在自然环境中存活下来，当然，它们就会有很多后代，然后，它们的后代，就会再把这些有利的性状传递下去。

“没错，就是这样的！此外，哪些性状是有利性状，适合传递给后代，是由‘淘汰压力’决定的。”西格玛博士补充道。

“对对。自然环境中任何一种可能导致生物死亡的因素，都是一种**淘汰压力**。比如捕食者（天敌）、严重的干旱、寄生虫、疾病，等等。当然了，还有很多其他的因素。”艾达接着西格玛博士的话说。

进化测试：

我们的小鸡宝宝们能适应生存环境吗？

咱们先来回顾一下每一只小鸡宝宝的特征吧！来看看，它们能不能在恶劣的生存环境中承受住这些淘汰压力。

巴林

它生来就有两条又长又壮的腿，跑得比其

他的兄弟姐妹都快。轻轻一跳就能碰到西格玛博士朝天的刘海儿！

菲利

它天生一副好身体！免疫系统更是无敌！什么寄生虫啊、细菌啊、病毒啊、真菌啊，都别想让它生病。它壮得像小牛一样！

吉利

它的嘴生来就比其他弟兄姐妹的更长，更粗壮。刨地、翻化肥堆来找吃的对它来说太简单了。咦，化肥堆，想想都觉得恶心！

索林

它是几只小鸡宝宝里面最毛绒绒的一只。它的羽毛又多又厚。所以，它睡觉的时候最暖和！这可都是多亏了它那一身羽绒大衣啊！

雷纳尔多

谁能告诉我它到底是什么品种的小鸡啊？它长着长长的尾巴，有四只脚。正常的小鸡可都只有两只脚啊！它的翅膀也和其他小鸡的不一样，而且它总是惹麻烦。

现在轮到你们了，和我一起学习遗传学的小伙伴们。依你们看，哪只小鸡更容易战胜以下这些淘汰压力呢？

1.因为河水泛滥，小鸡们不得不搬到一块新的土地上生活。这里的土地坚硬无比，但是里面却有非常多的小虫子。你们觉得，哪只小鸡更容易在这里生存，不会饿肚子呢？

2.一只非常狡猾的狐狸盯上了我们的小鸡，要把它们捉回去做晚餐。哪只小鸡更容易逃出狐狸的魔爪呢？

3.因为发生了严重的气候变化，小鸡们生活的这片土地变得异常寒冷。你们觉得，哪只小鸡会觉得寒冷根本不算什么呢？

4.养鸡场遭遇了瘟疫，很多鸡都生病了。哪只小鸡能不被传染，依然活蹦乱跳，面色红润，像花儿一样？

遗传学小提示

自然界中有各种各样的淘汰压力，这些压力对某些生物来说，是致命的。也就是说，那些不适宜在这样的环境中生存的个体，在没有繁衍后代之前就死去了。大自然制定了这样的生存规则，目的就是要让生物产生各种各样不同的特征，这就是生物的多样性。

生物越是多种多样，就越能适应生存环境，战胜淘汰压力，就越能更好地活下去。

存活下来的个体可以把它们的基因和表现性状遗传给后代。所以，有些动物会繁衍非常非常多的后代，因为这样，它们的后代就有更大的可能性，通过基因重组，获得有利的基因，在以后的生存竞争中存活下来。

朋友，如果你拥有一个和任何人都不一样的、独一无二的特征，那很可能是因为，你通过进化，获得了超级环境适应力！

“好了，孩子们，咱们该走了。”西格玛博士说，“时间不早了，而且，你们看，这只阿根廷狗总是黏着我，甩都甩不掉。”

“西格玛博士，看来，你已经交到新朋友了！艾达，你快看啊！他们两个多亲密！”马克斯笑着说。

“哈哈哈，以后每天早上，你都可以让它用舌头帮你梳理刘海儿了！”

“哈哈哈，一种新的进化物种：梳头狗！”何塞丽塔也跟着笑起来。只有西格玛博士一个人觉得这玩笑一点也不好笑。

“你们可真有幽默感。可是，你们能不能快点救救我！我想回家！！！”

第六章
克　隆

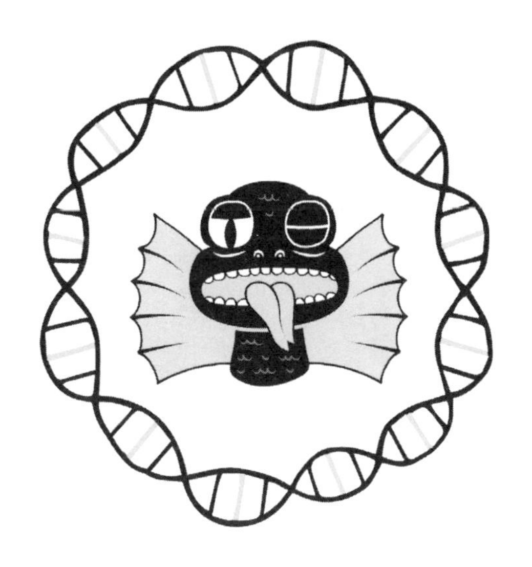

马克斯今天特别困——他好像被床单粘住了，怎么也起不来。等到睁开眼的时候，他恍惚觉得自己已经睡了一个世纪了！他迷迷糊糊地下了床，揉着眼睛往厨房走去，好像在梦游一样。刚到客厅，他就看见大家像疯了一样地在搬东西——他们从这边跑到那边，又从那边跑到这边，搬着乱七八糟的东西，嘴里还不停地喊着。

“马克斯，快来帮忙，把这个搬到你房间里去。”萨图妮娜姑姑一边跑，一边说。她忙得像陀螺一样，根本停不来。

“我的袜子怎么少了一只！就是画着小猫的袜子！马克斯，你看见我的袜子了吗？”艾达着急地问。

“嗯，这两本书在旅行中肯定用得到。”西格玛博士碎碎念道，他一手拿一本大书，每一本都像百科全书一样厚。

“我需要一杯特浓咖啡。马克斯，你能帮我倒一杯咖啡吗？我的手不够用了！”何塞丽塔请求道。

“你们这是在干什么？！出什么大事儿了？！”马克斯一头雾水地问道。看着大家这样没命地忙忙碌碌，他紧张坏了，感觉有点喘不过气来了。所以，他连忙把手伸进口袋，去找治过敏的药（他一过敏就喘不上气来）。

“咱们要走了，马克斯，你忘了吗？”萨图妮娜姑姑回答道，“咱们不是订好了，今天要去卡巴莱特岛玩嘛！西格玛博士和何塞丽塔都已经准备好了。”

“噢，对了！我们要去旅行！我差点忘了！”

大家都忙得像高速运转的小马达一样，不停地让马克斯拿这个，拿那个。马克斯手忙脚乱的，大汗淋漓……哎呀，他的手都抽筋了……

他大口大口喘着粗气……终于忍不住，情绪爆发了。

“你们都疯了吗？**我也没有八只手啊？！真是的！我又不能克隆几个自己！**”

马克斯话音刚落，大家忽然都停了下来，一动不动地盯着他看了好一会。那一刻，好像整个世界都安静了。

“克隆你自己？”西格玛问道。

这会儿，博士手里正抱着一大堆衣服，哎呀，你们闻闻那衣服的味道！肯定是好几个月没洗了！真是恶心！

“你说的是，克隆你自己，对吗？”西格玛博士又问了一遍，就怕自己听错了，“你刚刚说，你不能克隆自己？哈哈，孩子们，欢迎来到21世纪实验室！”说着，西格玛博士一下子兴奋起来，把他的内衣扔得满天飞，“我们人类早就掌握克隆技术了，我亲爱的马克斯。我们可以克隆青蛙、鱼、小鸡，等等等等。所以，**我们当然可以尝试着克隆一个你了！**像今天这种情况，我想克隆三个你就足够了！”马克斯一听到克隆自己，立刻开始胡思乱想，他幻想着自己拿着遥控器，操控着一整支军队的自己。

“克隆就是再造一个一模一样的，对吗？西格玛博士？”艾达问道。

“没错，一模一样，就像两滴水一样，一点区别都没有！”

“哇——太酷了！”艾达和马克斯异口同声地喊道。

弗里奇新奇资料大放送

朋友们，你们一定听说过**克隆羊多莉**，对吗？它可是世界上第一只**克隆**成功的哺乳动物。1996年，多莉在苏格兰出生。

克隆羊多莉的诞生是科学史上的一座里程碑，这次实验的成功表明，通过遗传物质克隆生物是可以实现的。但是，多莉在七岁的时候就死了。它小小的年纪，就表现出了老羊才有的一些症状，最后衰老而死。

科学家们推测，这种早衰的现象可能是因为，在克隆多莉的时候，使用的是成年羊细胞里的DNA，而不是年轻羊细胞里的DNA。成年羊细胞里的DNA已经随着它的成长而衰老了，也就是说，DNA记录了它的年龄。因此，科学家们认为，克隆多莉的过程中，**不仅仅遗传信息被复制了过来，而且，表现遗传信息也被一起复制了过来。**虽然外貌特征是完完全全地复制了，但是，性格和记忆也被复制过来了吗？

朋友们，你们想知道什么是表观遗传学吗？我们将在第七章中为你们详细讲解！

基因册跳转
P.147

“要是真的能够克隆的话，我想克隆很多个斯坦·李，让他们每天给我画新漫画。”马克斯说。

“我想克隆珍妮·古道尔，让她们天天给我讲科学故事。哈哈，那一定像在天堂一样幸福！”艾达说。

“孩子们，真遗憾，你们说的这些都是不可能的。”西格玛博士残忍地打断了他们的对话，“我们的动物克隆技术现在还不是很成熟，需要进一步完善。而且，**克隆人类是不允许的，绝对不允许！**”道德伦理委员会规定：虽然在理论上和技术上，我们可以完成克隆人的实验，但是，人体克隆是绝对不允许的！孩子们，你们怎么看这件事？

艾达：“要是我说了算，我就允许克隆人。要是能认识另外一个艾达，给她讲讲我的经历，那该多酷啊！”

马克斯：“不行，艾达，那样可不行。你想想，要是我们每个人都克隆一个自己，地球就要爆炸了，所有人都会疯的！”

朋友，你会怎么做呢？

西格玛博士小厨房

菜谱：克隆人

朋友们，你们好！欢迎来到西格玛博士小厨房。这可是世界上独一无二的神奇厨房！在这里，一杯水里面可以含有任何东西，但唯独不含水分子。在这里，每个菜谱都需要通过假设和实验来完成。

今天，我们要做的是——克隆人！来吧！我们要开始咯！

我们需要的原材料是：

一个人的全部DNA。一定要保证DNA是完整的，不能有丝毫损坏。

步骤：

1. 把一个人的DNA导入一个细胞核。
2. 把这个细胞核导入一个去核的卵细胞。
3. 把新合成的卵细胞注入一位女性体内。
4. 经历九个月的孕期，让细胞充分发育。

你就等着瞧吧！九个月后，你就会得到一个克隆人，他会长得和提供DNA的那个人一模一样！

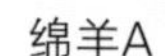

克隆的原理其实很简单。人类的正常繁殖是这样的：爸爸提供精子，妈妈提供卵细胞。精子里携带着爸爸的遗传物质，卵细胞里携带着妈妈的遗传物质。当一个精子和一个卵细胞相融合，就形成了一个新生命。克隆，其实就是模仿了这个过程，只不过在克隆的过程中，我们不需要精子和卵细胞来提供遗传物质，而是我们想要克隆哪个个体，就直接提取他的遗传物质。

“哦，我知道了。就像电脑操作里的复制粘贴一样，先按control+C键，复制遗传物质，再按control+V键，把遗传物质粘贴进另一个细胞里。”马克斯说。

“又好比在考试中抄别人的卷子。把别人的答案一字不落地抄到自己的试卷上。”艾达说。

“我们只需要一套完整的遗传物质、一个卵细胞和一个代孕的人。我们的克隆人需要住在她的肚子里，慢慢发育、长大。其他的事情就交给上天了。”何塞丽塔补充道。

“没错，克隆其实就是一个让细胞不断分化和复制，最后发育成一个完整的人类的过程。我们只需要保证，用来进行克隆的细胞里，有我们想要复制的所有遗传物质，就可以了。”西格玛博士补充道。

好了，克隆的事情，先放在一边。我们现在要出发了！去卡巴莱特岛！孩子们赶紧拿好自己的东西，准备开始他们的冒险之旅。大家都满心期待，恨不得一下子飞到小岛上去。可是，可怜的马克斯，他还没从刚才的紧张情绪中缓解过来呢。

他们刚上船，就听到了坏消息：今天的天气状况不太好，海上风浪比较大，天上乌云密布，随时可能下雨。这样的天气大船是不能出海的。但幸运的是，有一艘小船可以出海。更幸运的是，这艘小船刚好可以装下我们的小分队：马克斯、艾达、西格玛博士、萨图妮娜姑姑、何塞丽塔，还有一位老船长。

马克斯害怕海上的风浪，所以格外紧张，脸色惨白惨白的；艾达却最喜欢冒险，所以格外兴奋，小脸通红通红的。这对表兄妹的反差可真大！让人看着就想笑。一上船，艾达就在甲板上跑过来跑过去，一刻也不闲着。可是马克斯呢，他把自己死死地缠在小船的栏杆上，胳膊都快在上面拧成麻花了。

开船咯，开船咯！小船鼓起风帆，乘风破浪，朝着卡巴莱特岛，全速前行。照这个速度开下去，不到一个小时就能到了。孩子们对小岛之行充满了期待，但是，他们也一刻不曾忘记过克隆的事。

终于看到小岛了！远远望去，小岛白云环绕，一片郁郁葱葱，美丽极了，像仙境一样！

“多美丽的小岛啊！那里一定生活着数不清的生物。我要是能克隆一个达尔文该多好。我要把他带到小岛上去，让他也看看那里多种多样的生物。”艾达兴奋地说。

“哇！这个主意真是太棒了——克隆一个已经死去的人！那么，我们也可以克隆一个僵尸！哈哈！我们克隆一个彼得格拉斯僵尸吧，怎么样？”马克斯回应艾达说。

“克隆僵尸有什么用？！你就会胡思乱想……还不如克隆达尔文和华莱士呢！这样，他们可以给我讲更多关于进化的知识。”艾达说。

“那么，我们也可以克隆图灵，还有恩尼格玛密码机。”马克斯继续说道。

“我们还可以克隆玛丽·居里，还有那些辐射性原子。”艾达越说越激动。

“孩子们，你们有一只僵尸猫莫提莫尔还不够吗？”西格玛博士开玩笑地问道。

“当然不够了！哈哈哈！”艾达和马克斯异口同声地回答。

“僵尸多酷啊！”马克斯说着，看了一眼何塞丽塔，希望得到她的赞同。

“克隆那些科学家是挺好的，可是……前提是我们得获得他们完整的DNA啊！”何塞丽塔一脸正经地说。

“再说，克隆出来的人，可能是一个性格、爱好完全不一样的人。很可能，他根本不记得自己的过去，所以，谁也不能保证，克隆出来的达尔文会和以前的那个一样，喜欢科学研究。也许，克隆出来的达尔文会是一个非常棒的歌手！”西格玛博士一边说着，一边用手整理了一下他那高挺的刘海儿。

他们终于登上小岛了！岛上的景色和他们刚才想象的一样美：郁郁葱葱的原始森林、清澈见底的河流小溪、不带一点人工的雕饰，完全出自大自然之手，简直和电影《人猿泰山》里的场景一模一样。艾达和马克斯一上岛就把自己想象成了伟大的探险家，东瞧瞧，西看看，不放过任何一个角落。他们在丛林中走啊走，走了好几个小时，终于，看见了一个大瀑布！那瀑布真是“飞流直下三千尺”啊，美极了！！！

“哇，太酷了！你们不觉得这里很像努布拉岛吗？就是《侏罗纪公园》里的那个岛。”艾达突然不说话了，她把食指含在嘴里，静静地思考了一会儿，突然兴奋地说：“等等！我决定了！西格玛博士，要建一座恐龙公园，就叫‘艾达纪公园’。我要克隆恐龙！”大家听到艾达天马行空的想法，忍不住哈哈大笑起来。

“女士们，先生们，各位亲爱的朋友们！欢迎来到艾达纪公园！我是生物技术员艾达，也是这家公园的主人。在这里，你们能够看到各个地质学时期的所有生物：有寒武纪的、二叠纪的，当然了，还有侏罗纪的……我和一些古生物学家组成了一个团队，我们借助最先进的科学技术，经过不懈的努力，终于，让那些在几百万年前就灭绝的生物，在这里，复活了！这一切都多亏了那只被困在琥珀中的蚊子！它刚在恐龙身上饱餐了一顿，就幸运地被松胶砸中，变成了琥珀，被完好地保存到了今天。我们从蚊子嘴里的血液中，提取出了恐龙的DNA，把DNA上残缺的部分，用青蛙的DNA填补好，然后放进了一个人工合成的蛋中，经过一段时间的孵化，小恐龙终于出生了！你们看，眼前的这些恐龙，它们多么健壮，它们是真真正正的恐龙！这里，就是世界上独一无二的公园！在这里，所有灭绝的生命都可以复活。下面，请大家尽情观赏！”

“艾达，你说的都是《侏罗纪公园》里面的片段。”马克斯嘟嘟囔囔地小声说。

“真没创意！”

“这是我的公园，我说了算！你别多嘴！不然，我就不让你进来了！”

“孩子们，你们不觉得你们的想象太不着边际了吗？”西格玛博士打断了孩子们的对话，“你们想象的事情，直到今天，都还没有办法实现。有太多太多的困难，还没办法克服。克隆一只小羊多莉和克隆一只霸王龙完全是两回事。演电影嘛，当然克隆什么都很简单，但是在现实中，这一切都是相当复杂的。”

“西格玛博士，你总是扫我的兴！讨厌死了！”艾达不高兴地噘起了嘴。

“你们不要怪西格玛博士扫兴，你们想象的那些事情真的太复杂了。直到今天，人类都还没办法去实现。艾达，估计等你长大的时候，也还没办法实现。说这样的话，我感到很抱歉，但是，我必须告诉你事实。”何塞丽塔遗憾地说。

“首先，一个最基本的问题就是——我们没有完整的恐龙DNA，而且，据预计，未来几十年也不可能找到。电影中在蚊子体内提取恐龙DNA的事情，没有任何的科学依据。第二，DNA的质量没法保证。就算我们真的提取到了恐龙的DNA，上面也一定会有很多的破损和残缺，然而，我们并不知道该如何进行修复。没有哪种现代的生物和恐龙是相似的，所以，我们没有修补DNA的参考资料。所以，我们需要非常大量的克隆DNA片段，才能成功拼出完整的恐龙DNA。更别说，我们还需要把合成的DNA成功导入细胞核。就算这些都成功了，我们还需要人工合成一个蛋，小心地进行孵化，直到小恐龙破壳而出……困难实在太多太多了！艾达，我看，你最好还是换个其他的工作吧。”西格玛博士一口气说了这么多话，唉，真是让人失望透顶。

“啊，我的梦啊！我的艾达纪公园啊！老天啊，你为什么对我这么残忍！哦，不！不！”

“现实就是这么残酷，我的小宝贝儿。再说，《侏罗纪公园》里制造的，也不是真正的恐龙啊！他们使用了青蛙的DNA，来填补恐龙DNA上的残缺部分。其实制造出来的是青蛙和恐龙的杂交品种。也就是……蛙龙。”何塞丽塔解释说。

大家听到“蛙龙”，都忍不住大笑起来。艾达可是从来不轻易放弃的，她眼睛滴溜溜地转，想了一会，说：

“好吧！我明白了！我们不可能开办恐龙公园……但是，我们还是可以开办一个独一无二的公园啊！嗯，让我好好想想……开一个什么公园好呢？”

“小鸡公园！怎么样？”马克斯兴奋地叫道。

“不，天啊，那多没意思啊。”

“那就，开一个老虎公园。”何塞丽塔说。

“啊！我知道了！开一个‘杂交动物公园’，怎么样？”马克斯受到了启发，突然大喊道。

“对！马克斯！好主意！”艾达说着，立马拿起画笔，在纸上画下了一个谁也没见过的新奇动物。

“哈哈哈，怎么样，艾达，我的主意是不是棒极了？！我们再创造一些其他的动物……比如，鸭猫，再比如，长颈大象——身体和脖子是长颈鹿，鼻子和四肢是大象。”

“女士们，先生们，各位亲爱的朋友们！欢迎光临艾达纪公园！我是生物技术员艾达，也是这个公园的主人。在我的公园里，有你们从未见过的，甚至从来不敢想象的、新奇无比、独一无二的动物。你们请看，这只独角马是犀牛和马的合体；这只皮卡丘是猫和电鳐鱼的合体，它真的会放电哦！还有各种其他的宠物小精灵，当然，还有它们的进化体；更厉害的在这边，你们眼前的就是，传说中的尼斯湖水怪，是长颈鹿、大象和鲸鱼的合体，我们也把它叫作长颈象鲸。你们说什么？它不像水怪吗？你说它的体型不适合游泳？哦，好吧，好像，确实不太合适。什么？和电视上的水怪不太一样？哦……没错……确实不太一样。但是，已经很接近了，不是吗？！而且，请大家相信，我们会继续改造我们的长颈象鲸，总有一天，我们会创造出真正的尼斯湖水怪。这就是遗传生物学的奇妙之处！我们只需要找到想要的性状，把相应的基因分离出来，然后进行拼接，合成一个完整的DNA。好了，大家请注意！接下来我们要看的，是我们的镇园之宝！大家请跟我来，一定要睁大眼睛，好好欣赏！这就是我们的镇园之宝，超级大明星——龙鸡！它是龙和鸡的合体。它的名字叫——雷纳尔多！”

“雷纳尔多？！等等！对啊！我以前怎么没想到！雷纳尔多不是鸡！它一定是龙和鸡杂交的产物。所以，它才有鳞片，所以，它才爬着走路，所以，它才有那样的嘴！对了，对了！这下，一切都说得通了！我们终于知道雷纳尔多是什么物种了！”艾达兴奋地又喊又叫。

弗里奇新奇资料大放送

杂交，就是让两个不同物种的生物进行交配。杂交得到的生物个体，就会拥有这两个物种的特征。这听起来好像是科幻电影，但其实，杂交是一个很自然的过程。随着不断地学习和实验，人类已经可以巧妙地借助杂交技术，按照我们的需求，培育具有更好的表现性状的生物。而且，一般来说，这个杂交物种的名字，也是把父母的名字融合在一起得来的。就像刚刚艾达给它的动物们起的名字那样。比如说，虎豹，就是老虎和金钱豹杂交得到的后代；绵山羊，就是绵羊和山羊杂交得到的后代；马斑马，就是斑马和普通的马杂交得到的后代。杂交植物也是这样起名字的。

对了，朋友，你一定知道，骡子就是通过杂交得到的，对吗？没错，骡子是公驴和母马杂交的后代。大多数通过杂交得到的生物，都是不能生育的，是的，骡子不能生出小骡子。那么，雷纳尔多是杂交动物吗？

特别提示：进行杂交的两个物种的动物必须有一定的亲缘关系。举个例子吧，熊和蚂蚁就不能进行杂交，所以，也不可能得到“蚂蚁熊”。

遗传学小提示

所有人都觉得杂交得到的生物很酷，比如，人马兽，上半身是人，下半身是马；再比如，长颈象，上半身是长颈鹿，下半身是大象，等等。

但是，你有没有想过，反过来会怎样？比如，一个怪物，它长着马的头，人的身体！那该有多可怕！

朋友，你们能想出什么样的新奇动物？放飞你的想象力吧！就算不合理也没关系。要知道，科学家们也不是圣人，他们也会有不切实际的想法。

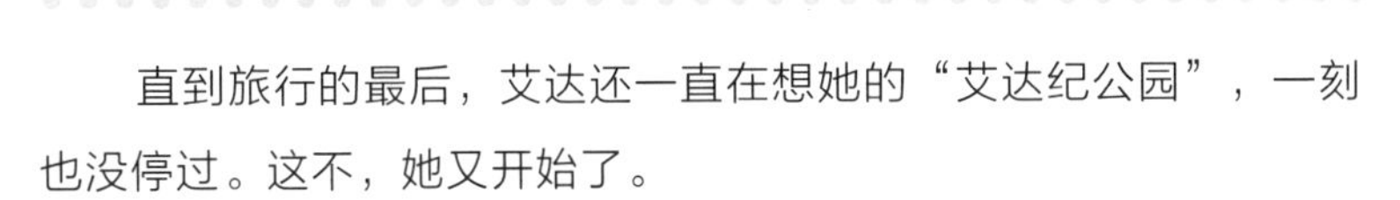

直到旅行的最后，艾达还一直在想她的“艾达纪公园”，一刻也没停过。这不，她又开始了。

“这里，放我的皮卡丘。这里，我要建一个超级大的展厅，里面养着球鼠。它体内有河豚鱼的基因，鼓起来的时候就像球一样。”旅行终于结束了，艾达可真是累坏了。但是，一到家，她又突然有了力气，非要去完成她最后一项实验。

“我得去看看雷纳尔多，我需要确定一下，我的‘龙鸡’理论到底对不对。”大家都很好奇雷纳尔多究竟是什么物种，所以都跟着艾达去了实验室。可是，他们是真的一点力气都没有了，实在没办法像艾达一样兴奋。

“你要怎么证明呢？”马克斯问。

“如果我的理论是正确的，那么，雷纳尔多一定会喷火。你没看过《权力游戏》吗？里面的龙就会喷火。”

艾达把雷纳尔多托在手里，好像它真的是《权利游戏》里的龙——卡利熙一样。

“来吧，小家伙，喷个火给大家看看。雷纳尔多，来吧，我知道你会喷火。来吧，雷纳尔多……”

艾达一遍一遍地央求，可是雷纳尔多呢，它根本不搭理艾达，张开嘴，打了个哈欠，然后趴在地上，睡着了。惹得大家都哈哈大笑起来。

“艾达，我们生活的时代没有龙，严格地说，龙是不存在的物种。科学家们并没有发现过类似龙的生物。”何塞丽塔说。

“何塞丽塔说得没错。但是，从生物学的角度讲，龙是存在的。”西格玛博士补充道，“只不过，并不是你想象的那种，会喷火的龙，艾达。龙，是蜥蜴的近亲。对了，就像科莫多巨蜥那样。可是它们不会喷火。没有哪种生物是可以喷火的。”

“那就是说，人类没办法克隆一只龙，是吗？”

“没办法，小宝贝。”

“克隆恐龙也不行，是吗？”

“不行，宝贝。”

“克隆恐龙不行，克隆龙也不行？！”

“目前为止，都不行。”

“唉，那克隆还有什么用啊！”

“你这么说就大错特错了，我的小乖乖。克隆可是能救命的！”

弗里奇新奇资料大放送

克隆技术可以用来**克隆器官**。人体器官受损之后，我们可以利用这个人的体细胞，给他克隆一个新的器官。这样，不论是发生了事故，还是得了某种疾病，一旦你的器官受到了损伤，你就可以制造一个克隆器官，用这个完好无损的健康器官，去替换你那个坏掉的器官。这样，一方面节省了时间——因为，病人可能等了很久，也没有等到愿意捐献器官的人。另一方面，也不会产生排斥反应。接受了别人器官的人，一般都会有排斥反应。因为，别人的器官不是你身体的一部分。但是，如果移植的器官的DNA和接受器官的人的**DNA相同**，人体就会把这个器官当成自己身体的一部分，也就不会产生排斥反应了。所以说，**克隆技术可以拯救千千万万人的生命！**

克隆技术小提示

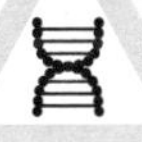

科学家和医生们利用克隆技术来生产器官，可不是先克隆一个完整的人，然后再从他的体内把想要的器官

摘走。只有电影里才会有这样残忍的事情。科学家们正在努力尝试，利用人工的方法来制造器官。在这个过程中，我们只需要提取人体某个组织的细胞——需要克隆哪个器官，我们就提取哪个器官的组织细胞。然后利用这些细胞，来克隆我们需要的器官。这样就可以只克隆器官，而不需要克隆一个完整的人了！

一整天的旅行结束了，大家都累坏了，一个个瘫倒在沙发上，动也动不了，甚至连喘气儿的劲儿都没有了。马克斯已经筋疲力尽，他的眼睛又睁不开了。这时候，他要是闭上眼睛，肯定能立马睡过去。可是……咕噜噜，咕噜噜……哈哈哈，马克斯肚子饿了！好像他的肚子里有十只恐龙，在大喊着要食物呢。艾达的肚子也跟着叫了起来，比马克斯的肚子叫得还响，好像她肚子里的恐龙在回应马克斯肚子里的恐龙呢。

“想了一天的克隆生物，我都快饿死了。”艾达说。

“我已经站不起来了，要是能克隆一个阿尔吉纳偌大厨该多好，现在就能派上用场了。”马克斯回应艾达说。

“我可比那个大厨靠谱多了。”萨图妮娜姑姑笑着从厨房走出来。“我这有四十个炸丸子，这可是我今天早上出发前‘克隆’出来的。我们快点把它们消灭掉吧，怎么样？”

第七章
表观遗传学

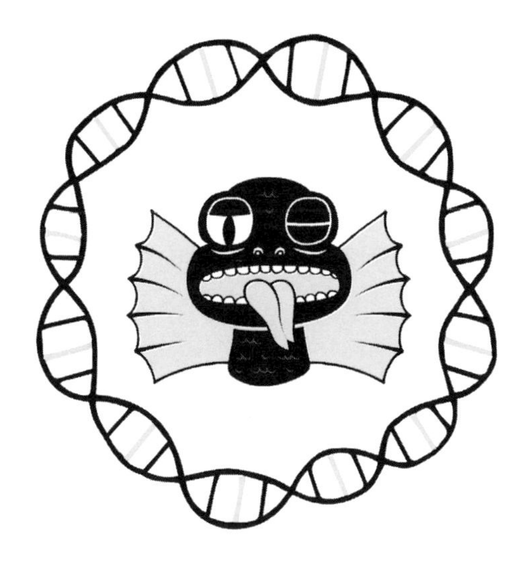

轰隆隆，轰隆隆，一架飞机刚起飞，一架飞机又降落了。这些飞机的轮子好像都要把地皮掀起来了！唉，在飞机场待着，耳朵可真是受罪！简直要命了！要命了！机场的停车区里，到处都是黄色的三轮出租车，破破烂烂的，随时都有可能散架。

“何塞丽塔，我的好朋友，谢谢你到机场来送我们。”艾达说。

“这是我这辈子度过的最快乐的一个假期。我永远都不会忘记你，何塞丽塔。”马克斯补充道，他激动得有些热泪盈眶了。

“你确定可以一个人照顾好巴林、索林、吉利、菲利还有雷纳尔多吗？它们可都是淘气包啊！”

这些小鸡确实很调皮，不知道什么时候，它们又从笼子里跑出来了，正围着何塞丽塔、马克斯还有艾达转圈儿呢。雷纳尔多生来就和其他几只小鸡不一样：长相不一样，爱吃的东西不一样，睡觉的姿势不一样，连叫声都不一样。但是相处久了，它的行为举止竟然变得和其他小鸡一模一样，真令人难以置信。

“你们放心吧。”何塞丽塔说，“我会把它们带去我舅舅的农场，那儿地方很大，它们一定会生活地非常开心的。”

轰隆隆，轰隆隆，突然，他们脚边的下水道里传来了奇怪的声音。大家不约而同地看着下水道井盖。不得了！井盖下面冒出了浓浓的白烟。**嘭**——井盖被炸飞了！浓浓的烟雾中走出来一个人。那好像是——西格玛博士！没错，就是他！他穿着白大褂，刘海儿梳得高高的。

“西格玛博士，你怎么从下水道里过来了？”艾达感到又吃惊又好奇。

“厉害的是，你浑身上下，一点儿都没脏。”马克斯总是这样善于观察。

“高速公路上堵车太严重了，所以，我决定乘我的橡皮艇，走下水道过来。**我有一件非常重要的事情要告诉你们，是关于雷纳尔多的。**”

“是雷纳尔多的基因组测序的结果出来了吗？”何塞丽塔急切地问。

注意

基因组测序是一项分子生物技术，通过这项技术，我们可以读取一种生物的所有DNA序列，研究它所有的基因，进而获得大量非常有价值的遗传信息。

“没错！测序结果出来了。我们现在可以肯定，**雷纳尔多不是鸡**。

“你们看，我说的没错吧。”艾达扬起头，得意扬扬地说。

“可是，它的确是从蛋里孵出来的！和其他小鸡在同一个窝里！”马克斯大声叫道，他没办法相信西格玛博士说的是真的。

“你说的没错，马克斯。但是，可能在芬奇博士发现这些蛋之前，它们就被混起来了。也许，两种动物把窝搭得太近了。所以，它们的蛋混在了一起。”

“既然不是鸡，那么，雷纳尔多到底是什么？”

“检测结果表明，雷纳尔多其实是，一只飞龙蜥。”西格玛博士终于揭晓了谜底。

艾达一听到“龙”字，立刻兴奋地大叫起来。

“什么？！龙？！哇哦——太棒了！我就知道，等雷纳尔多长大了，它就会飞，还会喷火。”

“你别高兴得太早，艾达。”何塞丽塔赶紧补充说，“飞龙蜥不是电影中的龙。它是一种很小的蜥蜴，不过确实长着一双翅膀。”

弗里奇新奇资料大放送

没错，有些时候，我们确实会给很多小动物，取一些听起来特别酷的名字，比如，飞龙蜥。这个名字的意思是，长得和龙一样而且会飞的蜥蜴。虽然名字里带一个“龙”字，但实际上，它就是一种小型爬行动物——一种体形很小的蜥蜴，大概有19到23厘米长。朋友，你可以打开你的手掌比一比，这种小蜥蜴就和你的手掌差不多长。

之所以叫它们飞龙蜥，是因为，这种小蜥蜴喜欢生活在树上，当它们想要从一棵树跳到另一棵树的时候，它们就会跳起来，然后张开翅膀滑翔。它们胳膊下面的皮肤很松，而且带有褶皱，就像肉皮做成的扇子。这层皮一旦张开，就会形成一对翅膀，帮助它们滑翔。对对对，有点像蝙蝠的翅膀。啊，这些“小龙”可真聪明！

蜥蜴妈妈下蛋的时候，会从树上爬下来，把蛋生在土里。

这种小蜥蜴主要生活在印度和菲律宾的热带丛林中。

“我有点不明白。既然这种蜥蜴生活在树上，会跳跃，会滑翔，很少在地上活动。那为什么，我们的雷纳尔多和其他的小鸡一样，一直在地面上行走，还生活得特别开心呢？”

艾达问。

“你说得没错，雷纳尔多确实养成了和小鸡一样的生活习惯。它模仿小鸡模仿地像极了。看到小鸡用爪子刨地、找食物，雷纳尔多就会跟着学。小鸡晚上抱团睡觉，雷纳尔多就和它们挤在一起。甚至，它还学小鸡叫！虽然，学得一点都不像。”博士解释道。

“你们听我慢慢解释，孩子们……”西格玛博士继续说，“雷纳尔多的DNA，确实是蜥蜴的DNA，但是它的行为，并不是完全由基因决定的。它的生活环境，它看到的、听到的一切，都会对它的行为产生影响。也就是说，生活环境会影响基因的表达。比如说我吧，我的头发这么乌黑浓密，确实要感谢我优质的基因（这是从我妈妈那儿遗传来的），但是，也和我的饮食习惯，还有卫生习惯有很大的关系。你们都知道，我经常吃利于头发变黑的食物。而且，我每天都洗头，做养护。”

“不仅如此，比较高级的生物，比如人类，还可以通过学习来获得很多新的行为。”何塞丽塔补充说，“而且，很多动物是通过单纯的模仿来学习的。”

“有些外貌特征和行为举止，雷纳尔多改变不了，因为那是由基因决定的，比如：长鳞片、分叉的舌头。如果我们把雷纳尔多放在一棵树下面，它一定能非常轻松地爬上去。”

“但是，还有一些行为，雷纳尔多是从他的‘哥哥姐姐’那儿学来的，比如，晚上大家挤成一个团儿睡觉。”何塞丽塔继续说。

艾达越听越激动：

“天啊！这简直太神奇了！那么，雷纳尔多的行为变化了，会引起它的基因跟着改变吗？我的意思是，生活环境会对我们的行为产生影响，也会影响我们的基因，甚至改变我们的基因吗？”

“艾达，你又胡思乱想了。”马克斯说，“你不记得达尔文和拉马克的争辩赛了吗？最后，达尔文获胜了，因为，DNA的变化是偶然发生的。”

基因册跳转
P.116

“我当然记得了。但是，**那时候我们讨论的是DNA的变异**。是那些字母ATGC的组合变化。但是，也许，环境可以不改变基因的这些字母排列顺序，而只是影响基因的表达方式……”

“艾达，我的小宝贝，你一定会成为一名伟大的生物科学家。”西格玛博士听到艾达说的话，心花怒放，甚至开始预言她的美好未来了，“你刚刚所说的，就是表观遗传学的知识。这是我们在完成人类基因组检测任务之后，发现的一个新兴学科，是**现代遗传学**的一个分支。”

“什么遗传学？”艾达和马克斯异口同声地问道。

“**表观遗传学！**”西格玛博士又重复了一次，“你们一定记得，我们的基因可以控制蛋白质的合成。如果一个基因多干点活儿，它生产的蛋白质就多；相反，如果一个基因少干点活儿，它生产的蛋白质就少。**环境可以改变我们基因的行为**，也就是说，环境可以让我们的某个基因多干点活儿，或者少干点活儿。举个简单的例子吧，你们知道我们为什么会被晒黑吗？在我们的DNA中，有一个基因可以控制皮肤中黑色素的产生。黑色素就是一种黑色的物质（就像染料一样），它会让我们皮肤变黑。我们晒太阳的时候，环境就在告诉我们的这个基因，它需要多干点活儿，生产更多的黑色素。所以，我们的皮肤就变黑了。当然，我们不晒太阳的时候，环境就会告诉我们的基因，它不用那么拼命地工作，不用生产那么多黑色素，所以，我们就不会变黑了。

遗传学小提示

我们的基因生产蛋白质的速度是不一样的。有些时候，我们需要大量的某种蛋白质，那么，这个基因就得像充了电的小马达一样，拼命生产这种蛋白质。这种情况下，我们就说这种基因表达的多。但是，还有的时候，情况正好相反，某个基因必须“保持沉默”，停止生产蛋白质。

基因的这种根据实际需要，**表达**或是**沉默**的能力，就是**表观遗传学**的研究内容。

我们的细胞什么时候该让一个基因表达，什么时候该让一个基因沉默，都要从环境中接收“通知”。如果我们的细胞察觉到环境中的阳光很强烈，那就是收到了通知——加快生产黑色素！如果细胞察觉到我们变老了，那就是收到了通知——停止生产胶原蛋白！胶原蛋白是我们皮肤中的一种蛋白质。没有胶原蛋白就会长出皱纹，变成老爷爷老奶奶那样。

朋友，想象一下，每个细胞里的DNA都是一个长链。长链上排列着很多基因，一个接着一个。

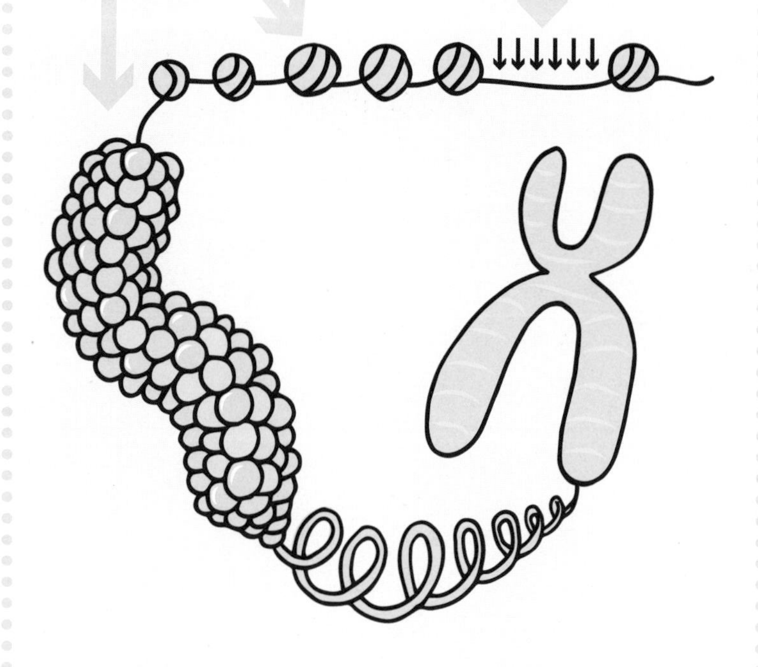

表达的基因是展开的，这样，细胞才能读取这些基因携带的信息，然后，按指令去生产相应的蛋白质。沉默的基因就会在DNA链上缩成一团，这样，细胞就不能读取这些基因了。

“孩子们，这样，雷纳尔多的全部行为都得到了合理的解释。你们明白了吗？是生活环境影响了它基因的表达，让它成了一只行为像小鸡的蜥蜴。你们看，它正在啄萨图妮娜的脚呢……”

萨图妮娜姑姑手里拿着飞机票，刚从机场里面走出来。

“哎呀，雷纳尔多，你把我的袜子都啄破了！”萨图妮娜姑姑抱怨道，“你这个小捣蛋鬼，你的嘴巴虽然不尖，牙齿倒是挺锋利的……孩子们，我已经换好票了，咱们该去登机口了。”

“何塞丽塔，真开心能够和你一起学习， 起研究， 起旅行。”西格玛博士开始和他的好朋友道别了。

“我也是。我会照顾好那些小鸡的，还有那只想变成小鸡的小蜥蜴，哈哈。我们一起等着你们，也许某一天，你们还会回来的。”

“明年暑假，我一定会回来看你的，何塞丽塔。”马克斯鼓足勇气说。

“马克斯，当心，别轻易做出承诺。说出去的话，泼出去的水。菲律宾离西班牙可远着呢！”萨图妮娜姑姑提醒他说。

“没关系，就算我们不能回来找你，我们还有互联网，你可以给我们发小鸡们和雷纳尔多的视频，菲利、吉利、索林、巴林，都要拍到啊。”艾达笑着说道。

“没问题，你们放心吧，如果它们做出了什么滑稽的事，我一定拍下来，给你们发过去。”

“比如，现在？”西格玛博士说着，指了指自己的刘海儿。五个小家伙儿不知道什么时候爬到他的头发上去了。

“你们几个一定是变异的转基因生物，是人、鸡、龙的结合体。”艾达笑着说。

“嗯，总之一句话，遗传生物学真有意思！”马克斯总结道。

大家听了都哈哈大笑起来。然后，他们互相拥抱、亲吻、告别。他们非常清楚地知道，这一段时间的朝夕相处，让他们的一些行为也发生了变化，而且，这些新的行为会永远印在他们生命中！啊！这不就是表观遗传学吗？！

朋友们，你们有什么心得体会？请写在下面吧。